新型农民现代农业技术与技能培训丛书

毛皮动物饲养员培训教材

编著者

佟煜仁　谭书岩　张志明　闫新华

刘志平　南国梅　张爱东　谭树良

金盾出版社

内 容 提 要

本书为“新型农民现代农业技术与技能培训丛书”的一个分册，内容包括：毛皮动物饲养员的职责和素质、毛皮动物饲养业概述、引种技术、种兽运输规则、配种与狐人工授精技术、繁育技术、年饲养周期的饲养管理、常用饲料及利用规则、生皮加工技术、副产品加工利用、疾病防治、养兽场的经营管理。文字通俗易懂，技术先进实用，可操作性强。适合作为现代农业技术与技能培训教材和广大农民自学读本。

图书在版编目(CIP)数据

毛皮动物饲养员培训教材/佟煜仁等编著．—北京：金盾出版社，2008．3

(新型农民现代农业技术与技能培训丛书)

ISBN 978-7-5082-4944-5

Ⅰ．毛… Ⅱ．佟… Ⅲ．毛皮动物-饲养管理-技术培训-教材 Ⅳ．S865．2

中国版本图书馆 CIP 数据核字(2008)第 001978 号

金盾出版社出版、总发行

北京太平路 5 号(地铁万寿路站往南)

邮政编码：100036 电话：68214039 83219215

传真：68276683 网址：www.jdcbs.cn

封面印刷：北京 2207 工厂

正文印刷：北京金盾印刷厂

装订：万龙印装有限公司

各地新华书店经销

开本：850×1168 1/32 印张：5.125 字数：120 千字

2008 年 3 月第 1 版第 1 次印刷

印数：1—10000 册 定价：9.00 元

新型农民现代技术与技能培训丛书

编委会

序　言

中共中央国务院[2007]1号文件明确指出，加强“三农”工作，积极发展现代农业，扎实推进社会主义新农村建设，是全面落实科学发展观、构建社会主义和谐社会的必然要求，是加快社会主义现代化建设的重大任务。

我国农业人口众多，发展现代农业、建设社会主义新农村，是一项伟大而艰巨的综合工程，不仅需要深化农村综合改革、加快建立投入保障机制、加强农业基础建设、加大科技支撑力度、健全现代农业产业体系和农村市场体系，而且必须注重培养新型农民，造就建设现代农业的人才队伍。

胡锦涛总书记在党的十七大报告中进一步指出，要培育有文化、懂技术、会经营的新型农民，发挥亿万农民建设新农村的主体作用。

新型农民是一支数以亿计的现代农业劳动大军，这支队伍的建立和壮大，只靠学校培养是远远不够的，主要应通过对广大青壮年农民进行现代农业技术与技能的培训来实现。金盾出版社在对农业岗位培训进行广泛调研的基础上，与中国农业大学老科技工作者协会、华中农业大学老教授协会等单位共同策划，约请数百名农业专家、学者参加，组织编写了“新型农民现代农业技术与技能培训丛书”(以下简称“丛书”)。“丛书”坚持以现阶段我国青壮年农民的文化技术水平出发，突出现代农业技术与技能的传授，注重其先进性和实用性；“丛书”以教材形式编写，共有88个分册，涉及81个农业岗位，除水稻农艺工、蔬菜园艺工、蔬菜植保员、果树植保员分南方本和北方本外，其他均为一个岗位一本培训教材，以方便县(市)、乡(镇)、村组织新型农民培训和农业企业进行岗位培训时选用。“丛书”的组编和出版，还得到了河北农业大学、沈阳农业大学、西北农林科技大学、甘肃农业大学、北京农学院、山东畜牧兽医职业技术学院、大连民族学院、中国农业科学院茶叶研究所、中国农业科学院油料研究所、中国农业科学院郑州果树研究所、中国农业科学院特产研究所、中国农业科学院桑蚕研究所、中国养蜂学会、内蒙古自治区农牧科学院、甘肃省蔬菜研究所、山东省果树研究所、广西壮族自治区柑桔研究所、山西省畜牧兽医研究所等单位部分专家、教授的支持和参与，并列入劳动和社会保障部《全国职业培训与技能鉴定用书目录》，进行推荐，使我们深感欣慰，在此表示衷心感谢。我们希望和相信，通过“丛书”的出版发行，能为新型农民队伍的发展壮大贡献一份力量，也能为现代农业技术与技能培训积累一些可供借鉴的经验。

“丛书”编写时间有限，各分册存在不足或错漏在所难免，恳请同仁和各使用单位批评指正。

编 委 会

2008 年 1 月

前　言

毛皮动物饲养业在我国尚属新兴的产业。由于毛皮产品经济价值较高，因此，该产业所创造的经济效益也较显著。用毛皮动物产品所制作的裘皮服装以其典雅、尊贵的定位，正在时尚的潮流中不断地扩大着市场，并以保暖功能为主向时尚化、多元化转变。因此，半个世纪以来，我国新兴的毛皮动物饲养业从无到有、从小到大、从弱到强，一直处在可持续发展之中。近年来，我国已逐渐发展为珍贵裘皮产品生产、加工和消费的大国。特别是在社会主义新农村建设中，对于农业经济结构调整、发展多种经营、增加农民收入等方面都起到了积极作用。我国毛皮动物饲养业，目前正在向规模化、产业化、规范化方向发展。

作为一名毛皮动物养殖的技术人员，除需掌握畜牧业常规知识外，还应掌握毛皮动物所独具的特点和知识，以科学发展观为指导，通过提高科技含量，发挥和挖掘毛皮动物的生产潜能，在创造经济效益的同时，体现自身价值。

为了加强对毛皮动物养殖技术人员的岗位培训工作，笔者受金盾出版社的委托，不揣浅陋编写了这本培训教材。力求理论结合实践，注重实用技术，增强可读性和可操作性，希望能为广大一线养殖技术人员借鉴。但由于时间仓促和笔者水平所限，不足和错误之处在所难免，敬请批评指正。

本教材编写过程中承蒙金盾出版社二编室具体指导，引用了朴厚坤老师、王春璈教授、钱国成研究员、仇学军博士等专家有关著述资料，在此一并致以谢意。

编著者

2007 年 11 月

目　录

目　　录

第一章　毛皮动物饲养员的职责和素质

毛皮动物主要种类有水貂、狐和貉，它们的经济价值都很高。毛皮动物饲养业是一项新兴的产业，技术性、季节性又比较强，所以，作为毛皮动物的一线饲养者，更要努力学习有关基础知识，掌握饲养管理、繁育、疾病防治和产品初加工等实践操作技能，做一名称职的毛皮动物饲养员。

一、毛皮动物饲养员的职责

毛皮动物饲养员通常是按饲养定额具体负责一群种兽及其所繁殖仔兽和幼兽的现场饲养管理和兼职或专职的饲料加工工作。

毛皮动物饲养员的职责：①掌握所负责饲养动物的生活习性，饲养、繁殖的一些特点和基本知识，提高专业技术水平。②掌握毛皮动物饲养的日常工作技能，不断完善和提高基本功。③掌握毛皮动物的繁殖习性和繁殖技术，能独立胜任繁殖技术操作过程。④掌握毛皮动物常用饲料利用和加工、调制技能。⑤掌握毛皮动物有关疾病防治知识，在饲养过程中及时发现动物异常和患病情况，并在技术人员指导下进行医治。⑥掌握动物毛皮产品的初加工技术，胜任初加工各工序的工作任务。⑦服从场领导和技术人员的领导和指导，及时向上级汇报工作情况，积极配合技术人员工作。

二、毛皮动物饲养员素质要求

(一)思想素质

事业心强，热爱专业，积极进取；努力学习钻研业务知识，提高自己的工作能力；喜爱动物，对动物有爱心；对同志团结友爱，互帮互学，共同进步。

（二）业务素质

具备独立对饲养兽群饲养管理、繁殖、饲料加工利用、疾病防治和产品加工的业务能力。谦虚谨慎，注重学习。不擅自处理非自己能力所能解决的技术问题。

三、毛皮动物饲养员须具备的基础知识

毛皮动物饲养员作为特种养殖业的特殊工种，首先要对这一产业概况和发展前景有个大概了解，明白该产业的高效益和高风险、高技术的制约性。然后要重点学习和掌握所饲养毛皮动物的生物学特性，学会相应的饲养管理操作技能。内容包括：①毛皮动物的引种及运输技术。②毛皮动物年饲养周期划分及各时期饲养管理技术。③种兽的繁殖习性与繁殖技术。④种兽选种、选配、选育技术。⑤毛皮动物卫生防疫及疾病防治技术。⑥毛皮动物产品初加工技术。⑦毛皮动物饲料配合、加工调制技术。⑧毛皮动物饲养场经营管理基本知识。

这些知识都是作为毛皮动物饲养员所应知、应会的具体内容和基本功。

第二章 毛皮动物饲养业概述

一、国内、外毛皮动物饲养业发展概况和前景

国外毛皮动物饲养业起始于19世纪中期，至今已有1个多世纪的历史。国内毛皮动物饲养业起始于1956年，至今恰好半个世纪的历史。最初毛皮动物源于野生变家养，毛色仅为单一的原始类型，后经人工育种繁育出毛色各异的彩色类型。目前珍贵毛皮动物的种类以水貂、狐和貉为主。由于毛皮动物皮张华贵、轻便、坚韧、保暖性好，已成为国内、外裘皮市场的支柱产品。国际市场水貂皮贸易量近年来保持在5 000万张左右，狐、貉皮1 000万张左右，国内年产量约在2 000万张以上，我国目前已成为毛皮动物养殖和消费的大国。

毛皮动物产品用途越来越广，除制作成多姿多彩的裘皮服装外，琳琅满目的裘皮饰品亦越来越多，如衣领、披肩、胸花、汽车饰品、艺术壁毯、模拟标本等多种多样。其消费趋势越来越趋于平民化、大众化。

毛皮动物皮张较高的经济价值和广阔的市场需求，展示了其可持续发展的美好前景。

二、毛皮动物饲养业的行业特点

(一)毛皮动物饲养业的效益和风险

毛皮动物饲养业在经营正常的情况下，经济效益较传统畜禽

养殖业要高一些。但是，毛皮动物饲养业并不是很容易赚钱或赚大钱的行业，其高效益与高风险，高产出与高投入是并存的（图 2-1）。毛皮动物饲养业的经济效益，成本利润率约30%～50%，但存在着技术管理、疫病防治和市场行情变化的风险。产品售价较高，产出较高，但是种兽和饲养投入相对亦高；占用流动资金较多，花费快，且回收慢，从年初一直投入，一般至年终皮张售出，资金才能回拢。某些媒体和场家片面宣传毛皮动物饲养的高效益，有意无意地忽视其高风险、高投入和资金周转慢的特点，实际上是虚假和伪科学宣传。

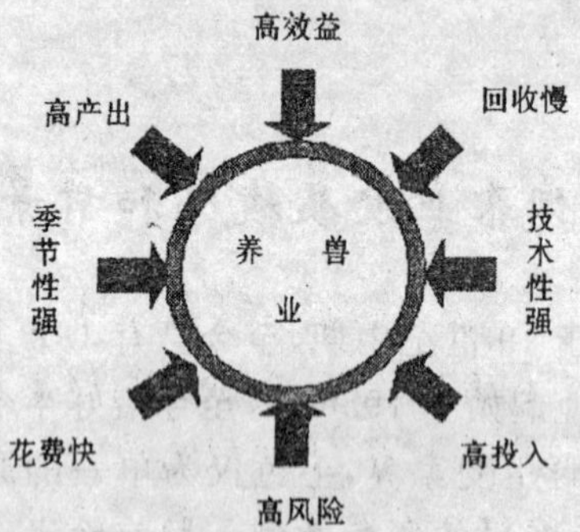

图 2-1　毛皮动物饲养业的特点

(二)严格的季节性和技术性

毛皮动物是年周期仅繁殖 1 次的动物，季节性和技术性强，不同季节生物学变化差异很大，技术管理也不尽一致。全年任何季节的技术管理均不容忽视，任何季节的管理失误均会造成全年不可逆转的经济损失。认为毛皮动物饲养无多大技术性，全年均容易饲养是一种认识上的误区。饲养毛皮动物，应该首先认识到其季节性和技术性强的特点，事先学习饲养技术，尤其是 3～6 月份的繁殖技术，做到技术先行才有利于饲养成功。

(三)毛皮市场行情变化的周期性

毛皮动物皮张市场行情和其他众多商品一样，有着波浪式的周期性变化，不可能总是持续走高，也不可能总是持续低迷。狐、貉等大毛细皮变化较大，水貂皮属小毛细皮，其行情变化一般不是太剧烈。对于初养毛皮动物者，根据市场变化趋势，把握饲养时机是很重要的，而盲目跟风发展是不可取的。因为跟风发展投入高，发展起来行情下降，欲速则不达。有识之士宜在低谷起步，低谷起步投入少，发展起来行情好。正如古训所言"逢贱莫懒，逢贵莫赶"(图 2-2)。

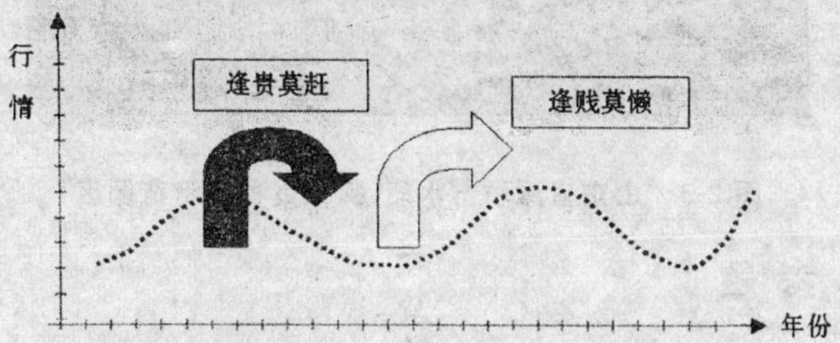

图 2-2 市场变幻与饲养适机

三、毛皮动物饲养的适宜模式

毛皮动物饲养在现代化农业发展的形势下，必须采取集约化、产业化的模式发展。零星分散饲养的散乱状态，已不适应新形势发展的需要。特别是庭院养殖已不再提倡，因为这不符合社会主义新农村建设的要求，也不利于人居环境的改善和人、兽共患疾病的防范。当代毛皮动物饲养的优化模式应是远离人居环境，相对集中的饲养小区形式。这样做，可把分散变为集中，既便于信息技术交流、集体统一管理、增加凝聚力，还能使产品批量统一销售，提高整体经济效益。山东省潍坊市水貂、狐狸良种场(大虞)就是由近 300 个养殖专业户所组成的大型养兽场，集中饲养场区土地总面积 36.7 公顷。该场所实行的集体统一规划、统一管理、统一种兽调剂、统一技术服务、统一疫病防疫和统一产品销售的"六统一"

管理，实现了集约化养殖和产业化发展模式，值得借鉴和学习（图2-3）。

图 2-3　山东省潍坊市水貂、狐狸良种场示范园区

思 考 题

1. 毛皮动物饲养业有哪些特点？
2. 毛皮动物饲养有哪些风险？是否与饲养员的职责相关？
3. 从事毛皮动物饲养工作，如何做好长期打算？

第三章　毛皮动物引种技术

在正确选择场址和建场以后(详见第十二章),引入种兽是毛皮动物饲养的第一步,饲养人员经常协助技术人员引入良种和运输种兽。

一、水貂良种类型及引种标准

国内目前饲养的水貂主要有标准水貂和彩色水貂两大类型。

标准水貂通常指毛被黑褐色的色型,其中主要优良类型有美国本黑水貂、金州黑色标准水貂、蓬莱黑色标准水貂和大虞黑色标准水貂。

彩色水貂通常指毛被颜色异于标准水貂的其他色型,其中主要色型有白色系列的丹麦红眼白水貂;蓝色系列的蓝宝石水貂、银蓝色水貂;黄色系列的米黄色水貂、珍珠色水貂;咖啡色系列的咖啡色水貂;黑十字系列的黑十字水貂;丹麦棕色系列的丹麦深棕色水貂、丹麦浅棕色水貂。其引种的种貂标准如下。

(一)标准水貂特征及引种标准

1. 美国本黑水貂特征及引种标准　本标准适用于美国本黑水貂(又称短毛漆黑水貂),国内、外引种时对种貂品质鉴别及评价。

(1)体型外貌

①头部:公貂头部轮廓明显,面部粗短,眼大有神。公貂显得雄悍,母貂纤秀。

②躯干:颈短而圆,胸部略宽,背腰粗长,后躯较丰满,腹部较紧凑。

③四肢：前肢短小、后肢粗壮，爪尖利，无伸缩性。

(2)体　型

①体重：引种季节(9月下旬)公貂达2千克，母貂达1千克；成年平均体重公貂2.25千克，母貂1.25千克左右。

②体长：引种季节(9月下旬)公貂≥40厘米，母貂≥37厘米。成年体长公貂≥45厘米，母貂≥38厘米。

(3)毛绒品质

①毛色：漆黑，背腹毛色一致，底绒灰黑，全身无杂色毛，下颌白斑较少或不显。

②毛质：针毛高度平齐，光亮灵活有丝绸感，绒毛致密，无伤损缺陷。

③针、绒毛长度及比差：公貂针毛长16毫米、绒毛长14毫米左右；母貂针毛长12毫米、绒毛长10毫米左右；针、绒毛长度比1∶0.8左右。

④外观：毛被短、平、齐、亮、黑、细。

(4)外生殖器官

①公貂：触摸睾丸时两睾丸发育正常、匀称、互相独立、无粘连。

②母貂：阴门大小、形状、位置无异常，不畸形，乳头多而分布均匀。

2. 金州黑色标准水貂特征及引种标准　金州黑色标准水貂，是辽宁省大连金州珍贵毛皮动物公司，历时11年(1988～1998)自行培育的优良新品种，2000年5月通过农业部畜禽品种审定委员会审定，是国内惟一被正式确认的优良水貂新品种。

本标准适用于金州黑色标准水貂的品种鉴定、种貂等级鉴别及评价。

(1)体型外貌

①头部：头型轮廓明显，面部短宽，嘴钝圆，鼻镜湿润、有纵沟，眼圆、明亮，耳小。公貂头型较粗犷而方正；母貂头小较纤秀，略呈

三角形。

② 躯干:颈短而粗圆,肩胸部略宽,背、腰略呈弧形,后躯丰满,匀称,腹部略垂。

③四肢:较短而粗壮,前后足均具五趾,后足趾间有微蹼,爪尖利而弯曲,无伸缩性。

④体重:11 月份时公貂 2.1~2.6 千克,母貂 0.9~1.1 千克。

⑤体长:11 月份时公貂 42~48 厘米,母貂 36~42 厘米。

⑥体质:健壮。

(2) 毛绒品质

①毛色:深黑,背、腹色泽一致,底绒深灰,下颌无白斑,全身无杂毛。

②毛质:针毛平齐,光亮灵活,绒毛丰厚、柔软致密,无伤残缺陷。

③毛长度:背正中线 1/2 处针毛长,公貂 20~22 毫米、母貂 19~21 毫米;绒毛长,公貂 13~14 毫米、母貂 12~13 毫米。针、绒毛长度比 1∶0.65 以上。

金州黑色标准水貂近年来又用美国本黑水貂改良提高,改良的金州黑色标准水貂,公貂针毛长达 18 毫米、绒毛长达 15 毫米左右;母貂针毛长达 17 毫米、绒毛长达 13 毫米左右;针线毛长度比已从 1∶0.65 缩小为 1∶0.8 左右。

④毛细度:背正中线 1/2 处针毛最粗部位 53~56 微米,绒毛 12~14 微米。

⑤毛密度:背正中线 1/2 处,冬毛密度 12 000 根/平方厘米以上。

(3)繁殖性能　幼龄貂 9~10 月龄成熟,年繁殖 1 胎,种用年限 3~4 年。公貂参加配种率 90%以上,母貂受配率 95%以上,产仔率 85%以上,胎平均产仔 6 只以上,年末群平均窝成活幼貂 4.2~4.5 只。仔貂成活率(6 月末)85%以上,幼貂成活率(11 月末)95%以上。

(4) 生长发育　仔、幼貂生长发育迅速,尤其是断奶至 4 月龄生长发育速度更快，6月龄接近体成熟。公貂6月龄体重2 100±41.5克；母貂6月龄体重1 180±35.3克。

(5)种貂分级标准

①鉴定等级标准：种貂等级鉴定分成年貂(1周岁以上)和育成貂，分别进行。种貂品质鉴定均分3个等级(表3-1，表3-2)。

②鉴定时间：1年鉴定3次，第一次在繁殖期结束后，第二次在10月中旬，第三次在取皮前1周进行。

③分级选定：第一次(初选)由饲养员按种貂分级标准进行自选；第二次(复选)由场技术员负责选种；第三次(终选)由场育种工作领导小组集体把关，经综合评定后选留、定群。

④种貂留种原则：种公貂应达一级以上，二级不能留种；种母貂应达二级以上。经产成年貂留种数量应占种貂群的60%以上。

(6)种貂调出要求　①种貂调出时间为9月中、下旬，幼龄貂达5月龄以上。②种貂应达到规定的留种标准。③种貂体质健壮，已注射过犬瘟热和病毒性肠炎疫苗。④种貂系谱清楚，并带有种貂卡片。⑤推荐公、母貂引种比例为1∶3～5。⑥应有由场方签发的种貂调出合格证和有关部门出具的检疫合格证明。

表3-1　成年水貂等级标准

项　目	特　级	一　级	二　级
	公　母	公　母	公　母
毛　色	深黑	黑	黑褐
毛　质	短平细亮	短平亮	平亮
体　况	健壮丰满	健壮	健壮细致
配种能力	强	强	较强
母貂胎产(只)	>8	>6	>5
断奶成活(只)	7	6	5
秋季换毛	9月中旬前	9月下旬前	10月上旬前

表 3-2　幼龄水貂等级标准

项　目	特级		一级		二级	
	公	母	公	母	公	母
断奶重(克)	≥390	≥350	>350	>320	>310	>300
11 月份体重(千克)	>2.2	>1	>2.0	>0.9	>1.8	>0.85
11 月份体长(厘米)	>48	>39	>45	>38	>40	>36
同窝仔貂数(只)	>8		>6		>5	
同窝仔貂成活数(只)	7		6		5	
秋季换毛	9 月 20 日前		9 月 30 日前		10 月 10 日前	
毛　色	深黑色		黑色		黑褐色	

3. 蓬莱、大虞黑色标准水貂特征及引种标准　蓬莱黑色标准水貂，主产于蓬莱刘家旺、迟家。大虞黑色标准水貂，主产于潍坊市水貂良种场，是山东省公认的地方良种。突出特点是体型肥大，繁殖率高，但其毛绒品质略逊于金州黑色标准水貂，主要表现在毛色黑度不足，背腹部毛色、毛长尚有差异，针毛较粗长等。这两个地方良种的引种标准可参考金州黑色标准水貂。

(二)彩色水貂特征及引种标准

国内彩色水貂类型不是太多，其体型外貌与标准水貂相似，主要差别是毛色各异。因此，彩色水貂引种标准以其色型纯正一致或符合本类型典型毛色为主要指标，其他性状参照标准水貂。但彩色水貂多数繁殖力、抗病力较标准水貂低一些。不同类型彩色水貂引种应注意如下一些问题。

1. 丹麦红眼白水貂特征及引种标准　丹麦红眼白水貂，是丹麦近年来选育成功的针毛较细短的新类型红眼白水貂，有别于原针毛粗长型帝王白红眼白水貂。属 1 对白化基因和 1 对咖啡色基因共同组成的双隐性遗传基因型(ccbb)。体型外貌类似于标准水貂,全身被毛呈均匀一致的乳白色,眼粉红色,繁殖力、抗病力略低于标准水貂。

2. 咖啡色水貂特征及引种标准 咖啡色水貂,被毛呈均匀一致的咖啡色,属1对咖啡色基因组成的单隐性基因型(bb)。与丹麦红眼白水貂杂交,子一代均为咖啡色,子一代横交或与丹麦红眼白水貂回交,子二代分离出丹麦红眼白水貂和咖啡色水貂。繁殖力、抗病力略低于标准水貂。

3. 蓝宝石水貂特征及引种标准 被毛呈均匀一致的天蓝色,属1对青蓝色(阿留申色)和1对银蓝色基因共同组合的双隐性遗传基因型(aapp)。体型与标准水貂相仿,但体质紧凑清秀。纯种繁殖时繁殖力低、抗病力也低。

4. 银蓝色水貂特征及引种标准 全身被毛呈均匀一致灰蓝色,属1对银蓝色基因所组成的单隐性遗传基因型(pp)。体型、外貌、繁殖性能、抗病力与标准水貂相同,但针毛较粗长,体质疏松。与蓝宝石水貂杂交时,子一代均为银蓝色型,子一代横交或与蓝宝石水貂回交时,子二代分离出蓝宝石水貂和银蓝色水貂。是杂交繁育蓝宝石水貂的最佳亲本。

5. 钢蓝色(铁灰色)水貂特征及引种标准 全身被毛呈均匀一致的蓝灰色,是银蓝色水貂中毛色较深带有钢铁颜色的类型。属1对银蓝色复等位(修饰)基因组成的单隐性复等位遗传基因型(psps、psp)。体型外貌同标准水貂,甚至比标准水貂更粗大,针毛较粗长,其毛皮是受市场青睐的产品。

6. 珍珠色水貂特征及引种标准 全身被毛呈均匀一致的灰黄色,类似于珍珠颜色,故而得名珍珠色水貂,眼粉红色。属1对米黄色基因和1对银蓝色基因组成的双隐性遗传基因型(pp bpbp)。体型、外貌类似于标准水貂,繁殖力、抗病力略低于标准水貂。

7. 米黄色水貂特征及引种标准 全身被毛呈均匀一致的米黄色，眼粉红色，属 1 对米黄色基因组成的单隐性遗传基因型(bpbp)。体型、外貌、抗病力、繁殖力与标准水貂相仿。

8. 黑十字水貂特征及引种标准 毛色呈黑白两色相间，黑色毛在背线和肩部构成明显的黑十字图案，新颖而美观。属 1 对黑十字显性基因或 1 对杂合基因所组成的显性遗传基因型(SS、Ss)，显性纯合个体(SS)无胚胎致死现象。体型、外貌、繁殖力、抗病力同标准水貂。

9. 丹麦棕色系列水貂特征及引种标准

(1)丹麦深棕色水貂(Mahogany) 全身被毛呈均匀一致的黑棕色，暗环境下毛色与黑褐色水貂相似，但光亮环境下，针毛黑褐色，绒毛深咖啡色，且随光照亮度、角度不同而变化，体型与标准水貂相似。其毛皮属国际市场流行产品。

(2)丹麦浅棕色水貂 体型较大，针毛呈棕褐色，绒毛呈浅咖啡色，类似咖啡色水貂，但比咖啡色水貂更艳丽。

彩色水貂和特殊色型的水貂宜在大型饲养场家饲养，中小型饲养场家不宜饲养这些稀有类型或只适宜饲养其中 1～2 种类型。否则，不仅因群体小而容易近亲退化，而且也难以生产质量一致的批量产品，最终并不增加养殖效益。有些小型场户跟风养殖彩貂，养殖量又不大，花色类型却较多，结果把养貂场变成了展览园。实际上这是一种不正确的做法。

二、国内狐良种类型突出特征及引种规则

狐的类型品质决定了狐皮的质量，更影响到养殖的效益。无论饲养狐，还是引进种狐，都要优选优良类型。国内目前饲养的狐均属从国外引进的外来狐种。狐分类分狐属和北极狐属两个属。

(一)狐属狐的突出特征

1. 赤狐的突出特征 赤狐脸面细长，吻尖，耳直立，体修长，四肢较高(与北极狐相比)，尾长占体长一半以上。被毛以棕红色为主，耳郭、四肢黑色，吻部黄褐色，喉、前胸、腹部毛色浅淡，呈白色或乌白色；尾上部毛色红褐带黑，尾尖白色。我国没有引进过纯种赤狐，目前所见毛色类似于赤狐的多为狐属彩狐，并非真正的赤狐。赤狐是狐属的原始野生类型。

2. 银黑狐(bb)的突出特征 银黑狐又名银狐，是赤狐在野生自然条件下的变种。体型与赤狐相仿，毛色相差悬殊。吻部、双耳背面、腹部、四肢均为黑色；背部、体侧部均为黑白相间的银黑色。针毛根部灰黑色，接近毛尖为银白色，针毛尖仍为黑色。因为银色毛衬托在黑色毛段之间，从而形成华丽的银雾状。绒毛灰黑色，尾尖白色。是国内外主要饲养的狐属狐。

3. 狐属彩狐的突出特征 狐属彩狐是赤狐、银黑狐的毛色突变类型，分显性遗传和隐性遗传两种性状。

(1)狐属显性毛色遗传彩狐的突出特征 狐属显性毛色遗传基因彩狐主要有白(铂)金狐、白脸狐、大理石(白)狐、乔治白狐，国内以白金狐、白脸狐、大理石白狐常见。

①白金狐($bbW^{p}w$)的突出特征：白金狐被毛淡化成白里略透蓝近似于铂金的颜色，有的颈部有白色颈环、鼻尖到前额有一条白带。是银黑狐的显性突变类型，基因为杂合型，显性基因纯合有胚胎致死现象。

②白脸狐(bbWw)的突出特征：白脸狐又称白斑狐，是银黑狐显性突变类型。毛色近于白金狐，四肢带有白斑。显性基因纯合亦有胚胎致死现象。

③大理石(白)狐突出特征：全身毛色呈均匀一致的白色，有的嘴角、耳缘略带黑色。大理石狐为杂合基因($bbW^{m}w$)、大理石白

狐为显性纯合基因(bbW^m)，显性基因纯合无胚胎致死现象。

④乔治白狐(bbW^Gw)突出特征：乔治白狐也是银黑狐的显性突变类型，是原苏联培育的白狐，国内未有。

上述几种显性遗传的白狐基因相似，但复等位基因不同。

(2)狐属隐性毛色遗传彩狐的突出特征 狐属隐性毛色遗传基因彩狐主要有珍珠狐、白化狐、巧克力狐和棕色(琥珀)狐。体型外貌类似赤狐、银黑狐，被毛颜色各异。

①珍珠狐(bbpEpE)突出特征：被毛呈均匀一致的淡蓝色，类似珍珠颜色而得名珍珠狐。是银黑狐的隐性变种，国内外饲养较多。

②白化狐(cc)突出特征：被毛呈均匀一致的黄白色，眼睛、鼻尖粉红色。是赤狐隐性突变类型，因生命力低很少留种饲养。

③巧克力狐(bbbrFbrF)突出特征：被毛呈均匀一致的深棕色(类似巧克力颜色)，眼睛棕色，为银黑狐的隐性突变类型。

④琥珀狐(bbbrcbrc)突出特征：被毛呈均匀一致的棕蓝色(类似琥珀颜色)，眼睛蓝色，为银黑狐的隐性突变类型。

(二)北极狐属狐的突出特征

1. 蓝色北极狐(蓝狐)突出特征 蓝狐是北极狐属的原始类型，较狐属狐四肢短而肥胖、吻短宽、耳宽圆，绒毛丰厚，针毛短而稀少。

2. 芬兰北极狐突出特征

芬兰北极狐是芬兰在人工饲养条件下，培育成功的优良新类型北极狐。其突出特征如下。

(1)体形硕大 成年商品狐体长 70～80 厘米，体重 10～20 千克，大于地产北极狐 1 倍以上。

(2)皮肤松弛 皮肤松弛，颌下、颈部多皱褶，手提背皮皮褶高 10 厘米以上。皮张延伸率达体长 70%以上。

(3)毛绒品质优良　针毛短平，绒毛细密。

(4)性情　性情温驯，饲料报酬率高。

3. 北极狐属彩狐突出特征　北极狐属彩狐类型较狐属少，主要有影狐、蓝宝石北极狐、珍珠北极狐、蓝星北极狐、白金北极狐等。国内以影狐多见，其余色型未有。

(1)影狐(Ss)的突出特征　影狐被毛呈全身均匀一致的洁白色，鼻镜粉红或粉黑相间的颜色，眼有蓝色、棕色和一蓝一棕的。是蓝色北极狐的显性突变类型。显性基因纯合有胚胎致死现象。

(2)北极蓝星狐、北极白金狐突出特征　这两种狐与影狐相仿，属复等位基因控制，显性基因纯合也有胚胎致死现象。

(3)珍珠北极狐　被毛毛尖呈珍珠色，鼻镜粉红色，是蓝色北极狐隐性突变类型。

(4)蓝宝石北极狐　被毛呈浅蓝色，是蓝色北极狐隐性突变类型。

(三)各类型狐引种规则

1. 引种的一般规则　引种时优选市场适销对路的优良类型；引入的公狐品质要优于母狐；引种的时机宜在秋分时节(9月下旬至10月下旬)；引种时优选有种狐经营资质、信誉好的大中型场家；以引入当年幼龄狐为主，不知情的情况下，不宜贸然引进老种狐。

2. 各类型狐引种的具体规则

(1)银黑狐

①秋季换毛：优选换毛早、换毛快的个体，要求全身夏毛已全部转换为冬毛，头、面部针毛竖立。

②被毛性状：外观印象总体毛色黑白分明、银雾状美感突出，既不太黑、又不太浅。

③银毛率：即银色针毛的分布，优选从头至尾根银毛分布均匀者。

④银毛强度：银毛强度受针毛银白色部分的宽窄所制约，太宽

了总体毛色发白；而太窄了总体毛色发黑、银雾感降低。应优选银毛强度适中者。

⑤针毛尖和银毛的黑、白颜色反差：针毛黑色部分越黑、白色部分越白，即反差越大，品质越佳。

⑥背线和尾毛：优选从头至尾脊背黑色，背线清晰和尾尖毛白的个体。

⑦体型性状：秋分时节公狐体重≥5 千克、母狐体重≥4.5 千克；体长公狐≥65 厘米、母狐≥60 厘米。

(2)狐属彩狐引种规则　狐属彩狐的引种，体型、外貌、被毛转换可参照上述银黑狐选种规则，但毛色性状要符合本色型的典型特征。

(3)芬兰北极狐原种和纯繁后代引种规则

①秋季换毛和冬毛成熟：国内引种芬兰原种纯繁北极狐，秋分时节要求冬毛转换良好；国外引进芬兰原种北极狐，则要求在取皮季节冬毛完全成熟。必须是非埋植褪黑激素的个体。

②应注重优良遗传性状：头型方正、嘴巴宽短、四肢粗壮、爪大而长、体形修长、皮肤松弛、性情温驯等均为芬兰北极狐优良性状，应侧重体形修长、皮肤松弛性状的选择，不要片面强调体重大小。

③挑选的种狐性器官要逐只检查：通过检查淘汰单睾、隐睾、睾丸发育不良的公狐和外生殖器位置、形状异常的母狐。

④体型性状：国内引种秋分时节公狐体重≥10 千克、母狐体重 7 千克左右；体长公狐≥70 厘米、母狐 65 厘米左右。引种芬兰原种狐，公狐体重≥15 千克、体长≥75 厘米，母狐体重 8 千克左右、体长 65 厘米左右。

(4)国产北极狐和改良北极狐引种规则

①被毛颜色：宜优选蓝色北极狐引进(符合国内市场需求)。

②秋分换毛：宜优选夏毛已全部转换成冬毛(全身被毛变白)的个体。

③被毛性状:宜优选针毛短平、绒毛厚密的个体。

④体型性状:秋分时节地产狐体重≥5.5千克、改良狐≥7.5千克;地产狐体长≥55厘米、改良狐≥65厘米。

(5)影狐引种规则　影狐宜引进全身针、绒毛毛色洁白一致、体形修长、皮肤松弛的个体。其他性状可参照国产北极狐和改良北极狐引种规则。

三、国内优良类型貉突出特征及引种规则

国内貉优良类型主要有乌苏里貉和白貉。

(一)乌苏里貉突出特征及引种规则

毛色分为青褐(青壳)、紫褐(紫壳)、黄褐(黄壳)和白色(白壳),其中以青壳、紫壳为佳。乌苏里貉引种主要注重毛色、毛质,针毛细平者更佳。秋分时节引种时,公、母貉体重应达5千克和4.5千克以上;体长应分别达65厘米和55厘米以上。

(二)白貉突出特征及引种规则

白貉全身被毛呈均匀一致的洁白色,针毛较乌苏里貉粗长,绒毛短而稀。白貉宜引进全身毛色洁白一致、针毛短齐者,身体部分位置有黑色或褐色色斑的及针毛过于粗长的不宜引进。

思考题

1. 水貂有哪些花色类型?各具什么特点?
2. 狐是怎样分类的?有哪些优良类型?
3. 貉有几种色型?哪些色型更珍贵些?
4. 应该从哪些性状来选择水貂、狐和貉的良种?

第四章　种兽引种和运输规则

一、引种的准备工作

(一)引种的目的

引种要有明确的目的。一般引种是改良提高本场兽群品质或增强本场良种优势,有时也为改善本场种群血缘关系而引种。应根据引种目的和需要,确定所拟引进的种类、性别及数量。

(二)引种场家的确定

引种时应事先考察引种场家,选择饲养管理规范、种兽品质优良和卫生防疫条件好、信誉性强的场家引种。正流行或刚流行过疫病的场家,不能前去引种。对引种场家情况不明时,应多考察一些场家,货比三家,从优选择。

(三)引种的准备

确定挑选种兽的技术人员,准备好运输用具、用品。

二、引种的实施

(一)引种的适宜时间

引种最适宜的时间是秋分时节(9 月下旬至 10 月上旬),此时幼龄兽已生长发育至接近成年大小,正处秋季换毛的明显时期,毛皮品质的优劣已初见分晓，加之此时气候已比较凉爽，更便于运输的安全。必要的时候（如种兽优良而货源紧缺），也可以在幼兽分窝以后抢先引种。此时可引进当年出生较早的幼兽，但对其成年后的毛皮品质不便预测观察。

（二）种兽的挑选

种兽的挑选是引种最关键的问题。挑选种兽一定要按前文"种兽选择标准"严格进行，并要慧眼识兽，以防以老充小、以次充好、以假乱真（如以杂交改良冒充原种纯繁兽等）的现象出现而上当受骗。

（三）挑选种兽的集中观察

最好让场家把挑选出来的种兽集中于一处饲养，以便引种者留心观察种兽的采食情况，剔出食欲不好和错选的品质不佳者。

种兽的编号及其系谱档案记录。种兽启运前要编好顺序号，并记录各个体的系谱资料。

（四）种兽的运输

1. 办理检疫手续 种兽运输前一定要办好检疫证明、车辆消毒和消毒证明，以备在运输中使用。

2. 种兽喂食和饮水 运输前最好喂给种兽常规数量的食物，切勿喂得太饱，充分保证种兽饮水。

3. 单笼装运 种兽装在特制的运输笼中，单笼运输，不允许 2 只一笼或多只一笼运输。种貂运输笼 5 只一组，规格不小于长 50 厘米、宽 120 厘米、高 25 厘米。种狐、种貉运输笼 2 只一组，规格不小于长 60 厘米、宽 80 厘米、高 40 厘米。种兽装笼时要在笼上做好顺序标记，以防运回后系谱错乱。

4. 不停留地运输 种兽装笼、车启运后应不停留运输，尽量缩短中途必须停留的时间。

5. 防雨防晒　种兽运输不宜装在密闭的车厢内，种兽笼的上方应加盖苫布防雨防晒。

6. 途中少量喂食喂水　运输时间短（3 天内）途中可不喂食，但要少量提供饮水，运输时间长（超过 3 天）时，除应多添饮水之外，每天应喂给少许食物 1 次。喂水时少添勤添，不要让水盒内饮水沾湿种兽的毛绒，以防感冒。

（五）运回场内的管理

1. 暂放隔离场内饲养观察　新引进的种兽不宜直接放在场内饲养，应在单辟的隔离场或隔离区内暂养观察一段时间（1～2 周），确认健康无疾患时方可入场内饲养。

2. 到场后先饮水后少量喂食　种兽运抵场内后迅速从运笼内移入笼舍内，先要添加足量饮水，然后喂给少量食物，以后逐渐增加，2～3 天再喂至常规量，以防种兽因运输后饥饿而大量采食，造成消化不良。

3. 及时补注疫苗免疫　引种时应确认场家是否已对种兽进行犬瘟热、病毒性肠炎和脑炎疫苗免疫，如场家未进行，则应在运输前或运到后及时补注上述疫苗进行免疫。

4. 运输工具消毒处理　对所用运输工具，特别是运输笼要及时清理和消毒处理，以备再次使用。

思考题

1. 引种应当掌握哪些原则？
2. 种兽运输应注意哪些事项？
3. 种兽运到场后如何管理？
4. 什么时间引种最好？为什么？

第五章　毛皮动物繁殖技术

饲养毛皮动物的目的就是要搞好繁殖工作，多生产优质毛皮产品，提高生产效益。繁殖过程主要包括繁殖准备和繁殖实施两个阶段，本章所讲解的是繁殖实施阶段即配种、妊娠和产仔哺乳期的技术。繁殖准备部分内容，详见第七章。

一、配种技术

(一)种兽性成熟

毛皮动物的种兽，7～9 月龄性成熟。在认真选种和准备配种期饲正常饲养情况下，所选择的幼种兽在翌年配种期都应达到性成熟。

成年母兽翌年的再繁殖受到当年产仔后体况恢复情况的影响，体况恢复不佳，特别是秋季换毛时间推迟者，翌年发情配种延迟，繁殖力下降。

(二)种兽发情鉴定

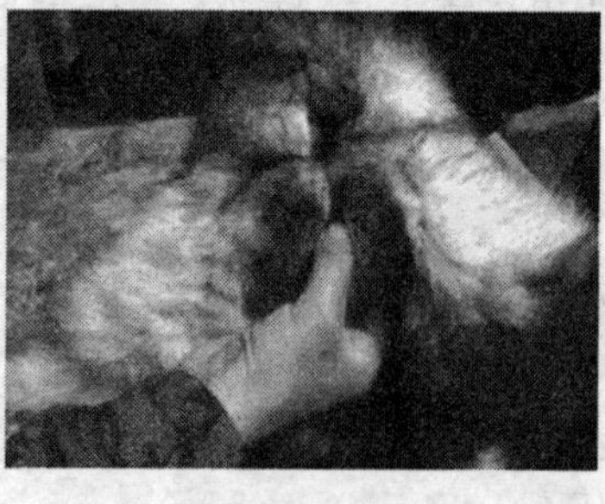

图 5-1　触摸检查公狐睾丸

1. 种公兽发情鉴定　种公兽发情与睾丸发育状况直接相关，通过检查睾丸发育，可预测其配种期发情情况(图 5-1)。种公兽在 12 月份，睾丸比静止期大 1 倍以上，取皮期就应进行检查，以便淘汰睾丸发育不良的公兽。公兽两侧睾丸发育正常，互相游离，下降到阴囊中，配种期来临前均能正常发情。

种公兽在配种来临前，对母兽的异性刺激有性兴奋行为，水貂会发出“咕、咕”，狐、貉发出“嗷、嗷”的求偶叫声，是正常发情和有性欲的表现。

2. 种母兽发情鉴定

(1)种母兽发情鉴定的时间　种母貂应于12月底、1月底和2月底，狐属狐和貉应于1月中旬，北极狐属狐应于2月中旬开始进行发情检查，配种期根据需要随时进行。配种前所进行的发情鉴定，有助于了解种兽群发情进度，既便于配种期安排交配顺序，又能及时发现准备配种期饲养管理中存在的问题。种母貂正常情况下2月底时，至少都应发情1次。狐属狐和貉应于1月下旬，北极狐属狐应于2月下旬母兽开始发情。

(2)种母兽发情鉴定方法　种母兽发情鉴定主要方法，有外生殖器官形态观察、阴道细胞图像观察、测情仪检测和放对试情4种方法。综合方法发情鉴定，应以外生殖器官形态观察为主，以阴道细胞图像观察和测情仪检测为辅，以试情为准。

①外生殖器官形态观察：手戴厚一些的棉手套捕捉母貂，用扑兽夹或扑兽套捕捉母狐、母貉，抓住母兽尾巴，头朝下臀朝上保定，观看母兽外生殖器(阴门)的形态变化。

静止期：阴毛闭拢呈束状，外阴不显。

发情前期：阴毛分开，阴门显露；阴门逐渐肿胀外翻，阴蒂显露；阴门黏膜色泽红润；稀薄的黏液分泌物逐渐增多。

发情期：阴门肿胀，外翻不再继续，阴门色泽开始变淡，黏膜开始皱缩，分泌物开始减少并变得浓稠。

发情后期：阴门肿胀、外翻明显回缩，色泽变得灰暗，黏膜亦明显皱缩，分泌物干涸。

发情期是放对配种的最佳时机。

水貂阴门虽不大，但变化较明显；狐属狐阴门不大肿胀，但面积逐渐增大；貉和北极狐属狐既肿胀又外翻变化十分明显。

不同发情阶段，动物性行为也有很大不同，只有发情期时才是放对交配的适机（图 5-2）。

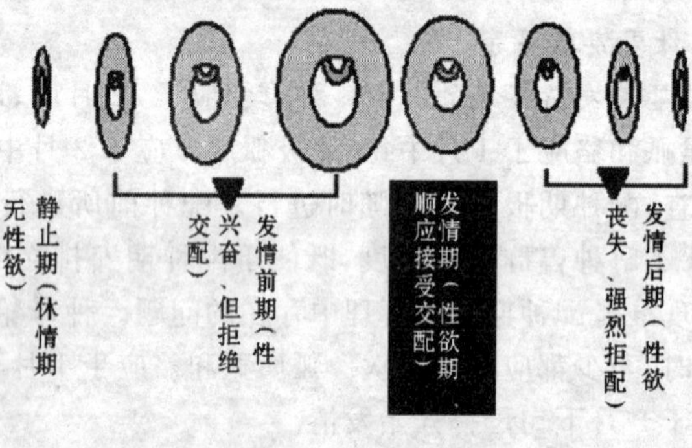

图 5-2　外生殖器形态鉴定发情示意图

②阴道细胞图像观察：将吸管插入母兽阴道吸取（适于水貂），或用棉签蘸取阴道分泌物（适于狐、貉），置于载玻片上，在 200～400 倍显微镜下观察。

静止期：仅见到小而圆的白细胞，碎玻璃状的角化上皮细胞没有或极少。

发情前期：角化上皮细胞逐渐增多，白细胞逐渐减少。

发情期：大量的角化上皮细胞，基本上看不到白细胞。

发情后期：角化细胞崩解或聚拢，又可见到较多的白细胞（图 5-3，图 5-4）。

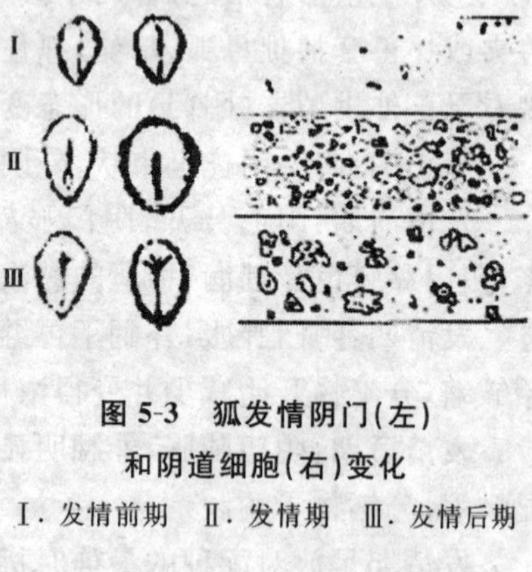

图 5-3　狐发情阴门（左）和阴道细胞（右）变化

Ⅰ. 发情前期　Ⅱ. 发情期　Ⅲ. 发情后期

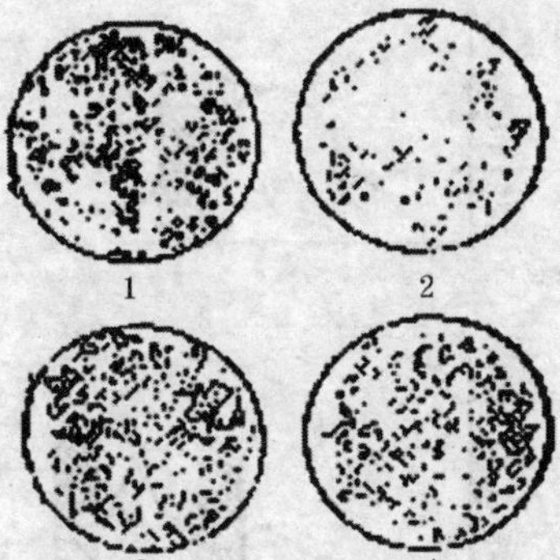

图 5-4 水貂发情阴道细胞变化

1. 静止期 2. 发情前期

3. 发情期 4. 发情后期

③狐发情专用检测仪检测狐发情：狐发情专用检测仪(图 5-5)，可以检测出母狐阴道内电阻值。根据电阻值变化规律，可准确判断母狐发情状态并确定适宜放对配种或人工授精的时间。母狐阴道电阻值变化曲线有 4 种情况(图 5-6)。

④试情放对法检测发情：将母兽放入试情公兽笼中，依据母兽的性兴奋反应来鉴别发情(图 5-7、图 5-8)。

发情前期：母兽拒绝公兽捕捉和爬跨，扑咬强行爬跨的公兽，或爬卧笼网一角，对公兽不理睬。

发情期：母兽不拒绝公兽爬跨，被公兽爬跨时表现顺从温驯，尾翘起。

发情后期：母兽强烈拒绝公兽爬跨，扑咬公兽头部或臀部。

图 5-5 狐用发情检测仪 (芬兰)

放对试情要注意：选择有性欲、性情比较温和的公兽作为试情公兽；放对试情的时间不宜过长，达到试情目的后要及时分开；经试情确认母兽已进入发情期，要抓紧时间让

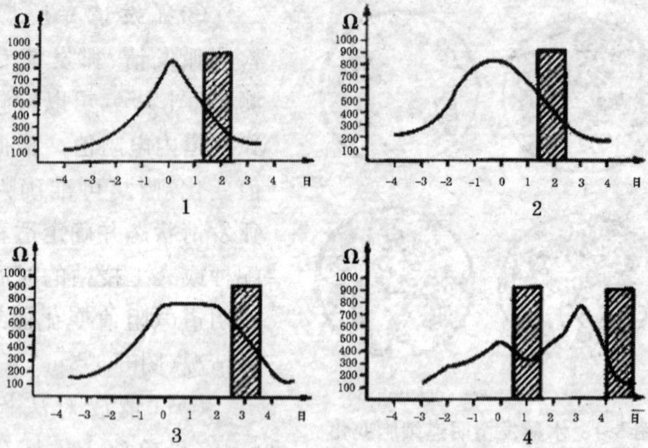

图 5-6　母狐阴道电阻值变化曲线和适宜输精时间

1. 电阻值升降均快：正常发情，在峰值下降 200Ω 的次日输精或交配

2. 电阻值升降较缓：正常发情、在峰值下降 200Ω 的次日输精

3. 电阻值升高后持续几天：要等峰值下降 200Ω 的次日输精或交配

4. 电阻值下降后已输精、但又继续升高：非正常发情，待升高的峰值再次下降 200Ω 后再次输精或交配

图 5-7　貉放对试情（母貉驻立）

图 5-8　母貂放对试情（母貂顺从）

母兽受配。

貉和狐属狐发情期与发情后期从阴门形态变化上不易区别，所以通过试情才更能提高发情鉴定的准确性。

(三)确保母兽交配质量

母兽进入发情期后要适时初配、复配,确保交配质量,以提高受胎率。

1. 狐、貉采取连续复配　狐和貉每年仅发情1次,必须采用连续复配,复配次数1～2次。

狐属狐和貉发情期和其排卵期相隔时间较短(0.5～1天),故确认母狐或母貉已进入发情期,应抓紧让母狐或母貉受配。

北极狐属狐发情行为与其排卵期相隔时间较长(1～2天),故北极狐母狐经试情已接受公狐爬跨的情况下,不必急于放对配种或人工输精,老母狐应推后1天、小母狐推后2天。

2. 水貂采取二次配种方式　3月1日开始配种,3月7日前为初配阶段,3月8日后为初、复配并进阶段。3月1日至3月7日发情母貂,在初配阶段初配1次,待其3月8日后再次发情时,再复配1次(周期复配)。3月8日以后发情并初配1次的母貂,接着连日或隔日复配1次(连续复配)。

上述水貂二次配种新方法,源自大连金州珍贵毛皮动物公司,这种方法省工、省力,减少了公貂交配次数,提高了公貂精液品质,配种效果不低于传统方法(图5-9)。

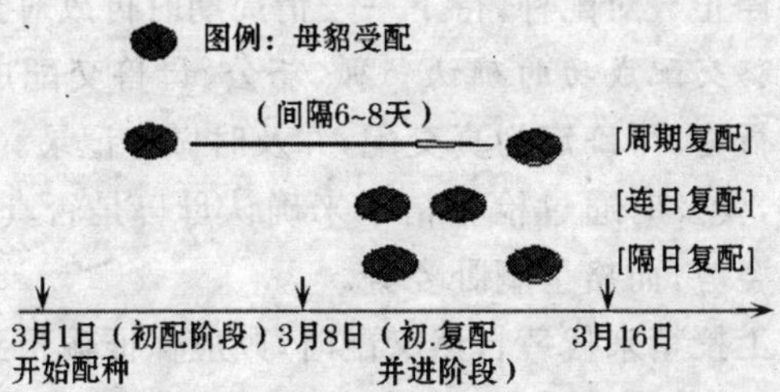

图5-9　水貂二次配种示意图

3. 确保母兽真受配　公、母兽放对后要注意观察交配行为,特别要注意水貂公貂交配中,经常出现假配行为。

(1)水貂交配的观察和真配确认

①真配:公貂后裆部弯曲在母貂后臀部长时间不脱离,即使翻滚或躺倒时亦不分开(图 5-10);继而可观察到公貂两眼迷离,后肢强直,紧紧拥抱母貂的射精动作,母貂伴有"嘎、嘎"的低吟声时,可确定为真配。真配的时间至少持续 5 分钟以上,交配结束后母貂阴门红肿。

图 5-10 公、母貂交配成功的体姿

②假配:公貂后裆部不能较长时间与母貂后臀部紧密接触,翻滚或躺倒时公貂后躯即伸直,公貂两眼发贼,看不到射精动作时,为假配。查看母貂阴门无交配过的红肿现象。

③误配:指公貂阴茎误插入母貂的肛门内,母貂因疼痛而发出刺耳尖叫声并拼力挣脱,查看母貂肛门有红肿或出血现象。发现误配和假配时,要及时更换公貂与母貂交配。

母貂经 3 天放对,已被公貂爬跨,但未交配成功时(母貂可能已排卵),要停止放对配种,待下一发情周期时再放对交配。

(2)狐、貉交配成功的确认　狐、貉公、母兽交配成功时,发生链裆(链锁)行为,可确定为真交配,并及时做好记录。如链裆时间不足 5 分钟,要及时通过检查精子来确认母兽是否真受配。狐链裆时呈站立姿势,而貉呈躺卧姿势。

采取人工授精来代替自然交配时,则应保证输精到位,确保精液品质优良(详见后文狐人工授精技术)。

4. 注意个别母狐、母貉二次发情　个别母狐、母貉会出现二次发情的现象,故母狐、母貉受配结束后,还要继续观察外阴变化

3～4天，确认外阴发情征候回缩为止。如外阴发情征候继续明显时，表明有2次发情的可能性。确认2次发情后，还应在再次发情时及时补配或人工输精。

(四)种公兽利用及精液品质检查

1. 种公兽的适宜性比 水貂公、母貂适宜性比为1∶4～5；狐、貉采取自然交配繁殖时，公、母适宜性比为1∶3～4；狐人工授精繁殖时，公、母适宜性比为1∶20～30。

2. 种公兽的交配频度 水貂配种初期日放对1次，复配阶段日放对2次，2日内交配成功3次时要休息1天。种公狐、公貉配种初期每周可交配2～3次；配种旺期每周可交配3～4次，但连续交配2～3日·次时，必须休息1天时间。

3. 种公兽的训练

(1)种公兽利用率 配种初期主要任务是训练公兽尤其是幼公兽学会配种，以便为配种旺期打好基础。公水貂在配种的初配阶段，利用率就应达85%以上，公狐、公貉在整个配种期内利用率应达90%以上。

(2)训练公兽学会配种 主要是选择性情较温驯的发情母兽与其放对。注意观察公兽的交配行为，只要公兽有性欲要求，每次放对交配行为逐渐正常和熟练，就应坚持训练。

公兽学会配种以后，再交配其他母兽就比较容易成功了。训练公兽交配的过程中要有足够的耐心和爱心，禁止粗暴地恐吓和扑打公兽。

要特别注意防止公兽被母兽咬怕(公兽最怕头部被咬)或咬伤，否则，会使公兽发生性抑制而失去利用机会。

(3)重点使用有特殊交配技能的种公兽 放对配种中要注意观察每只种公兽交配行为的特点，对交配速度快和母兽不站立、不抬尾也能交配成功的有特殊交配技能的公兽，要控制使用，以便专门用于难配母兽的配种。

4. 提高种兽放对配种的效率 放对前1日就要做好有目的性的放对计划。放对时优先给交配急切和交配成功率高的公兽放对。同日内既有复配又有初配母兽时,应当优先给需复配的母兽放对。

5. 注意择偶性 公、母兽之间均存在不同程度的择偶性,有些个体表现出很强的择偶性。择偶性强的公兽应控制使用,择偶性强的母兽可通过多与公兽试情来选择合适配偶。

6. 种公兽精液品质检查 精液品质检查必须在室温20℃～25℃的温暖室内进行。载玻片、吸管应预热至37℃备用。

(1)精液品质检查的操作 精液品质检查宜在母兽结束交配后尽快进行。将吸管或细玻璃棒插入母兽阴道内5～7厘米深,蘸取少量精液滴在载玻片上,置200～600倍显微镜下观察。

(2)精液品质检查的项目

①精子密度:精液中精子密不可分呈云雾状为稠密,精子之间有1个精子的距离为稀薄,居两者之间为较密。精子稀薄的精液为不合格精液(图5-11)。

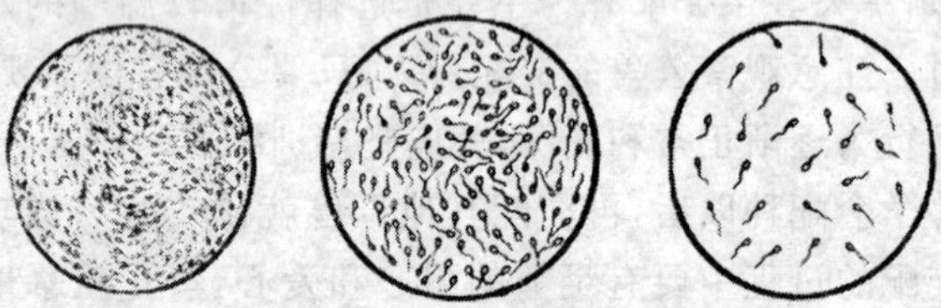
1 2 3

图5-11 精子密度示意

1. 密 2. 中 3. 稀

②精子活力:指呈直线运动精子所占的比例,精子活力要求0.7以上,低于0.7为不合格精液。

③精子畸形率：各类畸形精子(图 5-12)比例超过 20%为不合格精液。

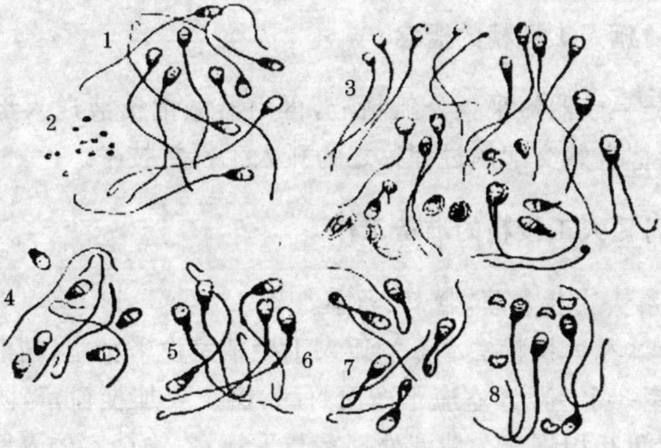

图 5-12　畸形精子示意

1. 正常精子　2. 游离原生质滴　3. 各种畸形精子　4. 头部脱落　5. 附有原生质滴　6. 附有远侧原生质滴　7. 尾部弯曲　8. 顶体脱落

(3)精液品质不良种公兽的处理　配种初期要注意种公兽利用及精液品质检查，经 3 次连续检查确认精液品质不良的公兽，应立即淘汰，并将其交配过的母兽更换精液品质好的公兽及时补配或人工输精。

发现种群精液品质普遍下降时要及时查明原因，加强饲养管理(补喂奶、蛋、肝等全价蛋白质饲料，补加维生素 A 和维生素 E)。

二、狐人工授精技术

狐人工授精技术是近年引进芬兰原种北极狐后所推行的一项新技术，对促进国产北极狐改良提高起到了技术保障作用。作为一名技术工人应积极学习和掌握这门新技术。现将山东省潍坊市水貂、狐狸良种场的狐人工授精技术实用操作规程介绍如下，供参考。

(一)狐人工授精的概念

用徒手或器械采集公狐精液，再用器械把精液送入母狐子宫内，以代替自然交配的过程称之为狐人工授精技术。

(二)狐人工授精的准备工作

1. 狐人工授精室、器材、药品准备

(1)狐人工授精室准备　狐人工授精室设采精室、精液处理室和输精室 3 个室。3 室应干净而封闭，窗户要加挂窗帘，防止阳光直射，室间互相隔离。精液处理室与采精室、输精室的隔墙上开设 20 厘米×40 厘米的拉门小窗，以便传递精液。3 室面积：采精室应不小于 10 平方米，精液处理室不小于 10 平方米，输精室不小于 15 平方米。室内温度一般保持在 18℃～25℃（图 5-13）。

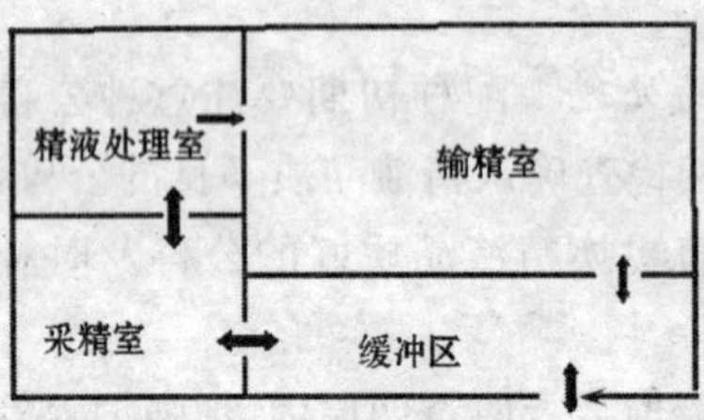

图 5-13　设有缓冲区的狐人工授精室平面图

注：采精室、精液处理室、输精室不和外界直接相通

(2) 狐人工授精室应配备的器材和药品　采精室应配备采精保定架、水盆、毛巾、洗涤消毒药品、紫外线消毒灯（每 10 平方米 1 支，40 瓦）。

精液处理室应配备无菌操作台或者无菌操作箱、试管、温度计、显微镜、载玻片和盖玻片、滴管、恒温箱、烘干箱、恒温水浴锅及广口保温瓶和洗涤消毒用品、紫外线消毒灯（每 10 平方米 1 支，40 瓦）。

输精室应配备阴道插管、输精器，医用 5 毫升注射器（用量按

总母兽群的20%准备)。发情检测器、剪刀、镊子、试管刷、纱布、药棉、温度计、棉签、医用胶布、蒸馏水、紫外线消毒灯(每10平方米1支,40瓦)和洗涤消毒药品等(图5-14)。

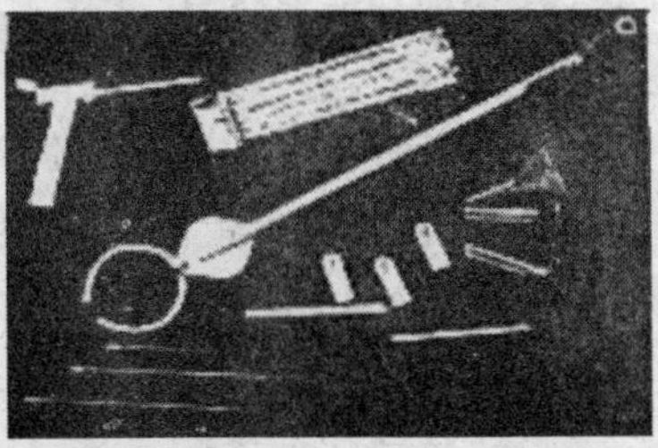

图5-14 狐人工授精部分器材

2. 人工授精室的卫生及消毒

(1)人工授精室的卫生 人工授精室(采精室、精液处理室、输精室)主要是防止尘埃污染,故应封闭好顶棚,地面至少是水泥抹成,铺垫地面砖或地板革更好,墙壁均应粉刷后使用。室内保持卫生状况良好,空气新鲜。

(2)人工授精室的消毒 3室工作前后都要做好消毒工作。室内空间消毒用紫外线灯照射1~2小时,并在关闭灯光4小时以后使用,室内地面用0.1%~0.2%新洁尔灭消毒液、室外场地用1%~2%烧碱水或20%生石灰水进行消毒。

工作人员穿着经消毒的工作服、工作帽、鞋,进入工作室,工作室不允许无关人员随意进入,也不允许工作人员穿着工作服随意走出工作室外。

(3)人工授精器材的消毒 人工授精器材如输精器、阴道插管、集精杯等,必须经过严格的消毒后方可使用,使用1次消毒1次。消毒程序如下。

清水冲洗→洗涤剂刷洗→清水冲洗干净→消毒液浸泡(2小时)→清水冲洗干净→蒸馏水冲洗3遍→120℃烘干(2小时)

塑料制品如塑料阴道插管,可按上述程序洗刷后,置于70%酒精中浸泡1~2小时,用蒸馏水洗净烘干备用。

3. 人工授精用种狐的准备

(1)人工授精用种狐的选种 注重人工授精用种狐的选种工

作，选择纯种和品质优良、繁殖力高的个体作种狐。用于杂交改良的芬兰北极狐公狐务必是纯种的。

(2)加强种狐准备配种期饲养　尤其要保证和满足性器官生长发育所必需的全价蛋白质、维生素等营养供给。

(3)调整好种狐的体况　种公狐达中等略偏上体况，母狐达中等略偏下体况。

(4)预防种狐生殖道疾病　12 月份至翌年 1 月份及时注射狐阴道加德纳氏菌病和绿脓杆菌病疫苗，事先做好生殖道疾病防疫。

(5)加强种狐尤其是种公狐的驯化和异性刺激　配种来临前 1 个月，采取公、母狐互换笼舍，通过异性刺激促进狐种群的性兴奋。

(三)狐人工采精

1. 做好采精前准备　采精前备好外用消毒剂 0.1%～0.2% 新洁尔灭消毒液、70%酒精棉球，37℃温水、消毒用毛巾、水盆、采精架、操作台、颈钳、套子、医用胶布、集精杯、记录表等。

室内温度保持 18℃～21℃。准备好采精用种公狐，并事先进行采精训练，了解精液品质，遇有龟头系带粘连的，要及时剪开。

2. 采精前种公狐消毒　将公狐放在采精架上，保定狐的头部和尾部，使其站立在采精台上。用经 0.1%～0.2%新洁尔灭溶液浸泡的毛巾擦拭采精公狐的腹部和腹股沟部，使毛绒浸湿，以无毛绒和灰尘散落为准。也可给公狐带上特制的兜布，以防污染精液。

3. 按摩法采精

(1)按摩法采精的操作过程　采精时先按摩公狐睾丸和会阴部，给狐一个采精信号。按摩数秒后，采精者将拇指、食指捏在公狐阴茎两侧，中指捏在阴茎腹面，捏住阴茎中部并沿阴茎纵向捋压和滑动阴茎包皮，对阴茎进行摩擦刺激。

捋压开始时滑动速度要快一些，大约每秒钟 4～5 次，动作幅度约 7～8 厘米。捋压 5～7 秒钟后，阴茎勃起，随之阴茎中部的球状海绵体膨大。此时，将阴茎从公狐两后腿之间拉向后方，将包皮捋至球状海绵体后方继续捋压球状海绵体和后部的阴茎，捋压速度减慢，每 10 秒钟捋压 12～13 次，捋压球状海绵体时稍用些力，如此反复捋压按摩（5～7 秒钟或十几秒钟）直至公狐射精为止。

为提高采精效果，按摩时应配合公狐性反射行为，调整捋压按摩频率和力度刺激公狐排精。适度的捋压刺激公狐表现兴奋和舒适，刺激力度不够，公狐无性反射，阴茎勃起速度慢且不坚挺，而刺激力度过强时，公狐有痛感，性反射抑制。

（2）精液的接取收集　在一手按摩公狐阴茎即将开始射精时（公狐自主抖动动作停止，尾根部紧张下压），另一手握住集精杯底部（用手掌保温）准备接取精液。

公狐射精时，首先射出的是副性腺分泌物，白色透明尿样，可不接或接取后弃之不用。后射出的是乳白色的精液，要及时接取在集精杯内。

公狐射精过程中仍需对其按摩刺激，整个捋压采精过程大约需几十秒钟，但最多不超过 2 分钟。

公狐射精结束后待阴茎回缩时将包皮向阴茎头部捋挤使阴茎复原，将精液迅速送往精检室内，放在 37℃保温瓶或水浴锅内，并做好采精记录。

（3）采精频度　指每周对公狐的采精次数。为了既能最大限度地采集公狐精液，又能维持其健康体况和保证精液品质，必须合理安排采精频度。

公狐每周采精 2～3 次，如果连续采精 2～3 天应休息 1～2 天，不可随意增加采精次数，以防精液品质降低和造成公狐利用率降低等不良后果。

(四)精液品质检查

1. 精液品质检查器材准备 应备好恒温水浴锅、广口保温瓶、温度计、电冰箱、电暖器、显微镜、载玻片、盖玻片、擦镜纸、注射器、集精杯、稀释液等。室内温度调整在20℃～25℃,同时做好室内外常规消毒。

2. 精液品质检查项目 精液品质检查项目有精液量、色泽、气味、pH值、精子活力、精子密度、畸形率、精子抗力测定、精子存活时间及适宜精液稀释倍数等项。

(1)精液量检测 狐集精杯上有刻度,可直接读取记录。一般狐每次采精量为0.25～2毫升(不含精清)。

(2)色泽及气味 正常的精液颜色为乳白色、均匀、不透明。气味微腥或无味,颜色和气味异常的精液不能供输精用。

(3)精液的pH值 用pH试纸沾少量精液比色检查。狐精液pH值为6.5,偏酸,如pH值改变,说明精液中混有异物,如尿液、不良稀释液或狐副性腺有病等,不能用于输精。

(4)精子活力 简易方法是滴1滴待检的精液于载玻片上,制成精液涂片在精液温度35℃～37℃条件下用显微镜观察精子运动情况,精子活力以直线前进运动精子的百分比,分10级评分标准。供输精用精子活力须≧0.7,活力低于0.7不能供输精用(表5-1)。

表5-1 狐精子活力评定标准

运动形态	直线前进运动的精子(%)										全部原地摆动	全部旋转	全部死亡
	100	90	80	70	60	50	40	30	20	10			
评分	1	0.9	0.8	0.7	0.6	0.5	0.4	0.3	0.2	0.1	摆	旋	死

(5)精子密度　精子密度即浓度，指1毫升精液内所含有的精子数，检查目的在于了解精子数量，决定稀释倍数，判定的方法有2种。

一是精液压片估测法(简易方法)。用灭菌玻璃棒取1小滴原精液置于载玻片上，上加盖玻片制成精液压片，在400倍显微镜下观察精子数量，随机观察5个视野的精子数，计算公式：

$$精子密度=平均每个视野精子数\times 10^6 个/毫升$$

狐正常的精子密度一般为每毫升精液含精子7亿～8亿个，个别优良个体可达13亿个。精子密度≤0.5亿/毫升时不能提供输精用。

二是利用血细胞计数法。此方法操作烦琐，花费时间长，但准确性高。

(6)畸形精子检查　畸形精子是形态异常的精子。畸形精子多、精液品质低，受胎率就低。

畸形精子有巨形、短小、双头、双尾、头尾残缺、无尾、互相粘连及带有原生质颗粒等多种(图5-12)。

检查时，先做精液涂片，自然干燥，用96%酒精或5%甲醛溶液固定3～5分钟，用蒸馏水冲洗后阴干，用伊红、亚甲蓝、龙胆紫、红墨水等染色3～5分钟，蒸馏水冲洗，干燥后镜检，显微镜倍数不低于600倍，检查精子不低于500个。

$$畸形精子率(\%)=(畸形精子数/计算精子总数)\times 100$$

在小于20%时一般不计，狐精子畸形率为2.5%～11%，畸形率超过20%的精液不能供输精用。

(7)精子抗力测定　有条件的场还有必要进行精子抗力测定。

(五)精液的稀释保存

1. 精液稀释

(1)精液稀释液　目前，多数场家均采购由大专院校和科研单位所生产的稀释液，有条件的场也可自行配制稀释液，配方如下。

配方一（3.8%柠檬酸钠）：柠檬酸钠 3.8 克，青霉素 1 000 单位/毫升，链霉素 1 000 微克/毫升，蒸馏水 100 毫升。

配方二[IVT（芬兰）]：葡萄糖 0.3 克，柠檬酸钠 2 克，碳酸氢钠 0.21 克，氯化钠 0.04 克，氨苯磺胺 0.3 克，青霉素 1 000 单位/毫升，链霉素 1000 微克/毫升，卵黄 10 毫升，蒸馏水 100 毫升。

（2）精液稀释液的检查　精液稀释液每批次都必须在使用前进行精子活力的检查。如精液稀释后 3 小时内，精子活力≥0.7（在 30℃～37℃检查）则稀释液的质量达到标准。不符合标准的必须废弃。不同个体公狐的精子对稀释液的适应性有差别，故应多做几只观察。

（3）稀释液的保管　稀释液应保管于 4℃～5℃冰箱中，当天用多少吸取多少，并加温预热，当天剩余的稀释液弃去不用。

（4）精液稀释的适宜倍数确定　按精液密度、活力和畸形精子率的检测结果计算出每毫升原精液中有效精子数量，再按稀释后的精液应含有的有效精子数（7 000 万/毫升）计算出稀释倍数。

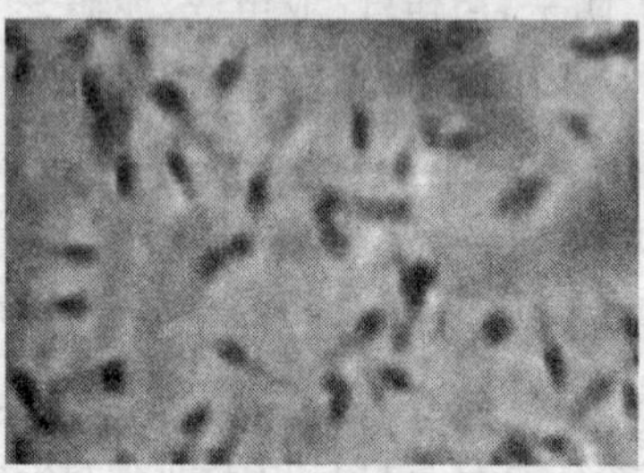

图 5-15　稀释后的精子密度　（×400 倍）

稀释倍数＝每毫升原精液中有效精子数/输精时每毫升稀释精液中所要求的精子数（图 5-15）。

（5）精液稀释的操作　事先把精液稀释液移至试管内，并置于盛有 35℃～37℃的广口保温瓶或水浴锅内保存备用。稀释时先按适宜稀释倍数准确量取所需的稀释液，再将稀释液沿集精杯壁缓慢加入到精液中（图 5-16），轻轻摇匀，严禁稀释液快速冲入精液和剧烈震荡。

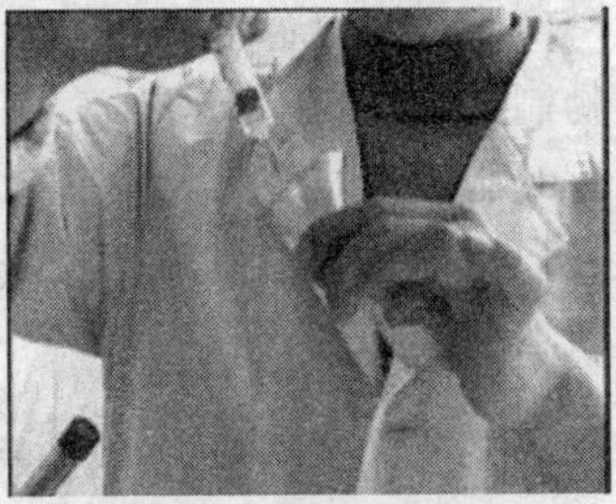

图 5-16　精液稀释的操作

2. 稀释精液的保存　稀释后的狐精液适于 25℃～35℃条件下保存，保存时间不超过 3 小时。低温保存、冷冻保存技术尚不成熟。

(六)狐人工输精的准备

1. 输精的器材准备　输精前应备好输精器、阴道插管、注射器、70%酒精棉球或 0.1%～0.2%新洁尔灭消毒液等准备工作。室内温度应保持在 18℃～25℃，同时按常规做完室内外的消毒工作。

所用输精器材如输精器、阴道插管等经事先严密消毒备用，使用时 1 狐 1 份。用后再统一消毒处理。所用 5 毫升规格的注射器最好为医用无菌 1 次性注射器。

2. 做好母狐发情鉴定和疫病检查　发情鉴定和疫病检查的要求：为提高母狐输精率和杜绝疫病传播，母狐输精前必须进行发情鉴定和疫病检查，凡发情未到输精时机和有生殖道疾患者不予输精。

3. 发情鉴定方法和适宜输精时间的确定

(1)外阴观察和试情法　外阴部逐渐肿胀、潮红、分泌物增多，用手触摸硬肿缺少弹性为发情前期；肿胀程度达最大并刚开始减退、用手触摸开始变软而有弹性时为发情期，此时试情母狐温驯地接受公狐爬跨则为输精适宜时机。

(2)发情检测器检测法　母狐发情时用发情检测器测定该母狐阴道电阻值，电阻值逐渐增高至峰值时为发情前期，达峰值后电阻值明显下降时为发情期。最佳输精时间的选择：蓝狐——电阻峰值下降第二天，银狐——电阻峰值下降当天。

(3)阴道细胞图像检查法　用棉签或吸管蘸取或吸取阴道分泌物制成涂片，在200～400倍显微镜下观察，圆形细胞逐渐减少，角化细胞逐渐增多为发情前期；角化细胞占满视野，无圆形细胞，为发情期即适宜输精期；角化细胞减少，圆形细胞又重新出现时为发情后期(图5-3，图5-4)。

(七)狐人工输精(子宫内输精)操作

输精时两人配合操作；一人保定狐狸，一人输精。

1. 母狐的保定消毒　保定人员用保定钳保定母狐，一手握住母狐尾部使尾朝上，用0.1%～0.2%新洁尔灭消毒液消毒外阴部及其周围部分。

2. 输精操作

①先将阴道插管插入母狐阴道内，其前端抵达子宫颈；左手虎口部托于母狐下腹部，以拇指、中指和食指摸到阴道插管的前端。②以左手拇指、食指、中指固定子宫颈位置，右手握持输精器末端通过阴道插管内腔插入，前端抵子宫颈处调整输精器的位置探寻子宫颈口。③左手、右手配合将输精器前端轻轻插入子宫体内1～2厘米，固定不动。由助手将吸有精液的注射器插接在输精器上，推动注射器把精液缓慢地注入子宫内。输精技术熟练者，也可事先将吸有精液的注射器插接在输精器上，由输精者直接将精液输入(图5-17)。④向注射器内吸取精液时，应注意注射器的温度与精液温度一致，缓慢吸取至固定的

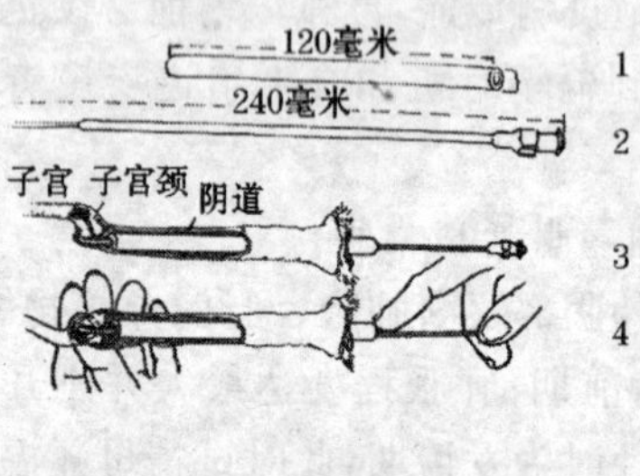

图5-17　狐子宫内输精示意图

1. 阴道扩张管　2. 输精针
3. 输精针插到子宫颈
4. 输精针插入子宫颈内

刻度时，可再吸入少许空气，以保证输精时将所有精液输入子宫内，以防残留在输精针管内，造成浪费。⑤输精后轻轻拉出输精器。如果输精手法得当，母狐生殖道无畸形，则输精过程中母狐表现安静。⑥输入精液量为 0.7 毫升左右，精子活力≥0.7，输入有效精子不少于 7 000 万个。⑦输精次数，一般连续输精 2～3 次，每日 1 次。初次输精如为假发情时，待发情后再输 2～3 次。

3. 输精效果判定　①拉出输精器时手感觉有点阻力。②拉出输精器时无血液。③拉出输精器时精液不倒流。④镜检输精器内残留精液，精子活力不低于 0.7。

(八)狐人工输精结束后的工作

1. 清洁消毒　输精结束后按规程 1.2.3 项立即清理室内卫生、清洗消毒 1 个批次(如上午、下午、一日)的人工授精器材，室内地面用 0.1%～0.2%新洁尔灭消毒液消毒、紫外线消毒 1～2 小时。

2. 整理工作　每天人工授精工作结束后整理好输精记录，做好下批次人工授精准备工作。

3. 归档工作　每年狐人工授精工作结束后，所有有关记录、技术资料要进行归档和存档，以备查询。

(九)加强人工授精后母狐饲养管理

第一，加强母狐妊娠期、产仔泌乳期饲养管理。做好妊娠保胎和产仔保活以及疾病防治工作，确保人工授精母狐的繁殖效果。

第二，依据人工授精繁殖效果，改进完善人工授精技术。一是依据种狐人工授精繁殖效果及幼狐后裔鉴定，确认种公狐、种母狐的种用价值，淘汰繁殖能力低和遗传性能不良的种狐，为下一个繁殖周期奠定良好种源基础。二是依据不同时期(阶段)人工授精繁殖效果所存在的差异和生殖道疾病发生情况，结合相应时期(阶段）人工授精记录对比分析，确切找出所存在的疏漏和问题，改进和完善下一个周期的人工授精技术。

三、妊娠期保胎壮仔技术

（一）妊娠期生理特点

1. 水貂妊娠生理特点 水貂妊娠最大特点是妊娠期不固定。短者 37 天、长者 81 天，这是其受精卵发育成胚泡后（图 5-18），不马上在子宫内附植，存在着滞育的结果。

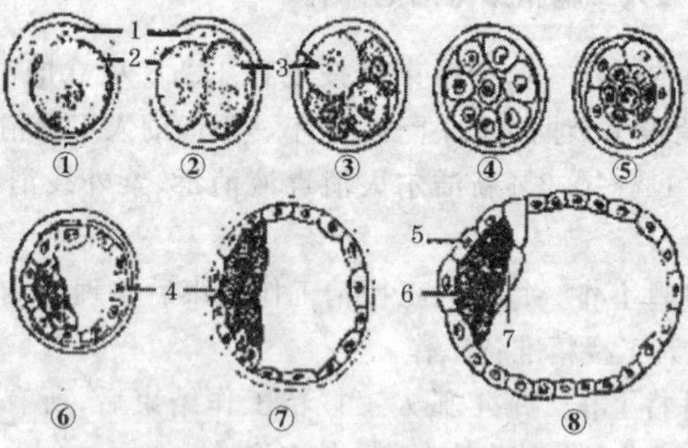

图 5-18 卵裂及胚泡的形成

①受精卵单细胞期 ②二细胞期 ③四细胞期

④八细胞期 ⑤桑葚胚 ⑥～⑧囊胚期

1. 极体 2. 透明带 3. 卵裂球 4. 囊胚腔

5. 滋养层 6. 内细胞团 7. 内胚层

2. 狐、貉妊娠生理特点 狐、貉妊娠时间比较固定，狐属狐 50～61 天、北极狐属狐 50～58 天，平均均为 51～52 天，貉妊娠期 60 天左右。狐、貉妊娠母兽不存在胚泡滞育期。母貉的妊娠期依受精卵和胎儿发育分为 3 个阶段。

（1）经常期 卵子受精后经 5～6 次分裂形成桑葚胚并继而形

成胚泡的阶段，一般 6～8 天。

(2)滞育期　胚泡在子宫内游离不附植的一段时间，2～30 天。

(3)胎儿发育期　胚泡附植至胎盘、胎膜、胚胎形成以及胚胎迅速发育至胎儿成熟的阶段，通常为 30 天左右的时间。

3. 妊娠母兽的生理特点　妊娠母兽新陈代谢旺盛；喜静厌惊，活动减少，小心谨慎，喜卧于笼网上晒太阳；妊娠母兽抗应激性降低，抗病力下降，易患消化道、生殖系统疾病。发生疾病往往会引起妊娠中断；妊娠母兽饮欲增强，饮水增加。

(二)妊娠期阶段划分

依据胚泡和胎儿生长发育特点，饲养上把毛皮动物妊娠期划分为妊娠前期和妊娠后期。

图 5-19　胚泡尚未附植(紫貂)

1. 妊娠前期　水貂的妊娠前期是受配至清明节气(4 月上旬)，胚泡处于滞育阶段(图 5-19)。狐、貉是指受配后的前 1 个月为妊娠前期，胚胎发育速度很慢，1 个月仅 1 克重。妊娠前期母兽对营养需要并不明显增加。

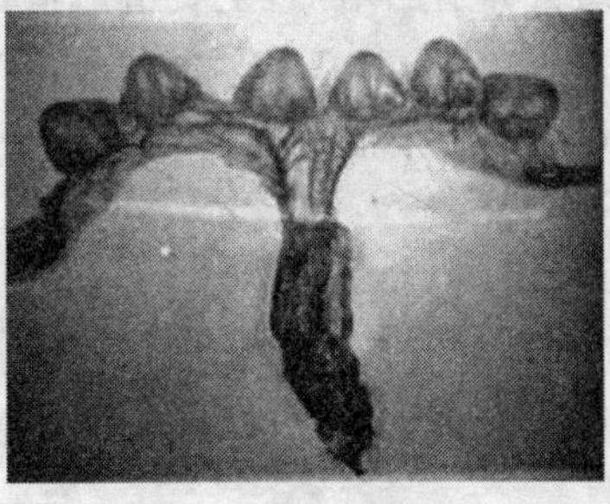

图 5-20　胚胎已附植发育(水貂)

2. 妊娠后期　水貂胚泡附植以后(图 5-20)至分娩，狐、貉妊娠 1 个月以后至分娩，为妊娠后期。是胎儿迅速发育的时期，母兽对营养需要明显增加(图 5-21)。此期除供给母体自身营养需求外，还应保证胎儿生长发育和为产后哺乳所需贮备的营养。

因此，是全年各生产时期中最为重要的阶段。妊娠后期可见母兽腹围明显向两侧扩展（水貂、银狐）并下垂（北极狐、貉）。

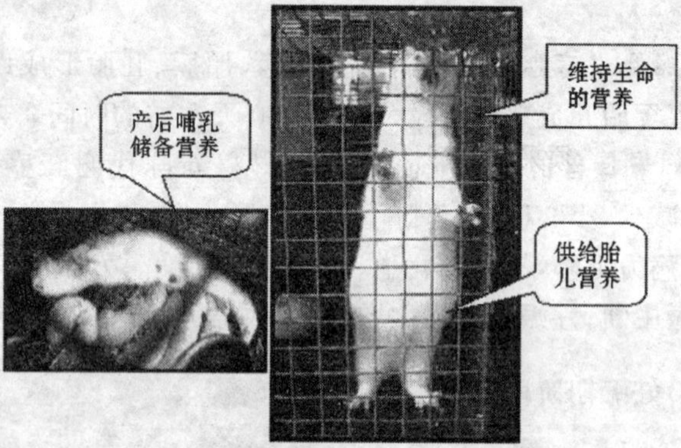

图 5-21　妊娠母貂体态及其营养需要

（三）妊娠期保胎壮仔技术

第一，营造安全、安静和日照时间渐长的环境条件，勿用外源激素干扰其繁殖生理的正常规律。

第二，确保饲料品质要新鲜，营养价值要完全，适口性要强，数量要适当（详见第八章）。妊娠后期营养适当增加，主要增加精补饲料。

第三，预防和及早治疗消化道、生殖系统疾病（详见第十一章）。

第四，供给充足洁净的饮水。

第五，做好产仔保活准备工作、特别是产箱絮草保温工作。

提倡水貂铁网围草，狐、貉铁网压草的办法絮草保温，即使是温暖地区，絮草保温也不可缺少。

四、产仔哺乳期产仔保活技术

(一)产仔保活的原则

产仔保活必须采取综合性技术措施，确保仔兽存活的必备条件。

1. 初生仔兽健康，生命力强　初生仔貂体重正常、健康，成活率才能提高(图5-22)；水貂仔貂初生重低于6克，狐、貉低于50克的弱仔都难以成活(图5-23)；水貂仔貂初生重超过12克，狐、貉超过120克的仔兽，也会在娩出时发生窒息而死亡；初生仔貂健康无疾患才会有正常生活力，患红爪病、脓疱症等疾患时，生活力明显降低；初生仔兽胎毛干后体温升高时才具备吮乳能力。

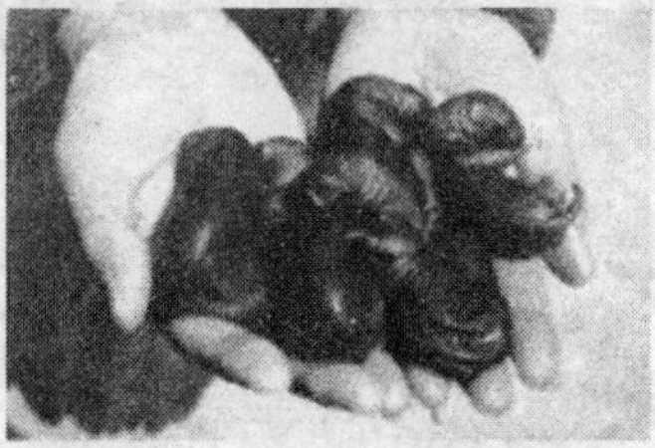

图5-22　一窝健壮的美国本黑仔貂

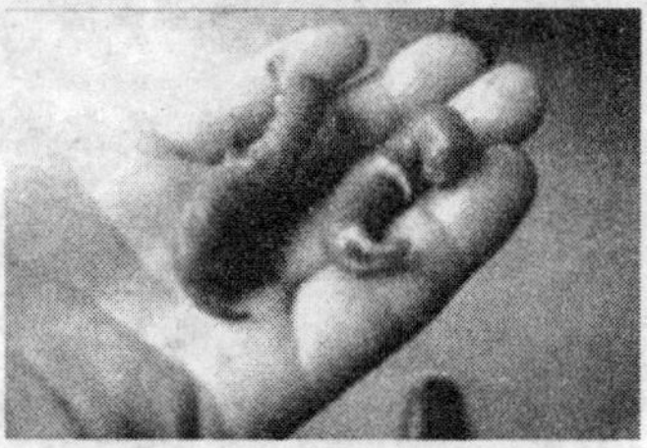

图5-23　初生重不足6克的水貂弱仔

2. 产仔母兽具良好母性　仔兽需要母兽护理才能成活，母兽母性不强会导致仔兽死亡。母性的发挥依赖于母体健康和泌乳正常。

3. 母兽乳汁充盈　母乳是仔兽3周龄之前的惟一食物，母兽无奶或缺奶会饿死仔兽。母兽的泌乳量和乳汁质量个体间有较大差异。

4. 窝箱温度适宜　仔兽初生时，产箱内温度宜温暖(图5-24)，35℃时仔兽生活力最强，20℃以上时，活力正常，低于20℃活力下降，12℃时即假死呈僵蛰状态。仔兽3周龄以后由于采食饲料和运动增强，产箱内温度宜凉爽(图 5-25)。

5. 安静的环境 产仔母兽易惊恐，惊吓过度会出现咬仔、食仔现象，产仔哺乳期保持兽场安全、安静是非常必要的。

以上是仔兽存活所应同时具备的条件，产仔保活的宗旨就是创造这些综合条件，以达产仔保活的目的。

图 5-24 产仔初期加强保温

图 5-25 产仔后期白天通风降温

(二)产仔保活主要技术措施

1. 建立昼夜值班制度 产仔期要建立昼夜值班制度，值班人员主要任务是及时发现产仔母兽并做好记录，给产仔母兽添加饮水，抢救产仔过程中落在地上的仔兽，及时救治难产母兽。

2. 适时检查母、仔兽

图 5-26 吮乳的仔貂鼻镜发亮

(1)首次检查 首次检查需在产仔母兽排出了食胎衣、胎盘的油黑色粪便后进行，检查目的主要是了解母、仔兽健康状况，仔兽吮乳和母兽泌乳情况。仔兽鼻镜蹭得发亮，周边毛绒内沾染灰尘是已吮乳的迹象(图 5-26)。如果身体温暖、腹部饱满，则为吃上初乳迹象(图 5-27，图

5-28)；如身体发凉、腹部瘦瘪则为没吃上初乳或没吃饱初乳的迹象。此时应进一步检查母兽乳头发育和泌乳情况(图 5-29)。如发现母兽产后不吃食，应检查其恶露是否排完，如恶露不净，要及时注射催产素和抗菌消炎药物。

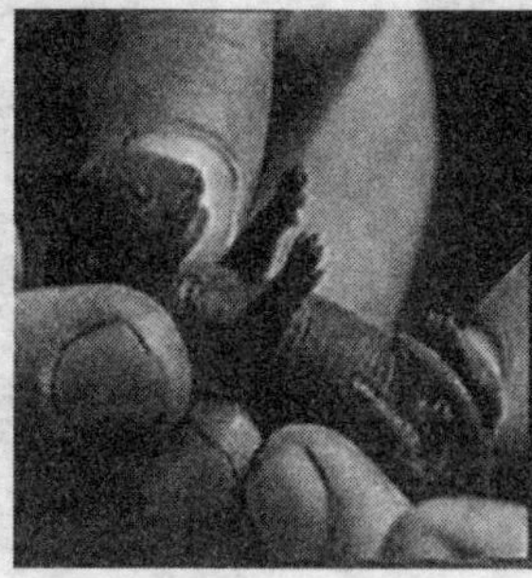

图 5-27　仔貂吃到初乳

(2)重复检查　重复检查视“听”(听仔兽叫声)、“看”(看母兽行为)情况是否异常，如母兽行为异常(拒食、少食、频繁出入产箱、不护理仔兽)或仔兽叫声异常(嘶

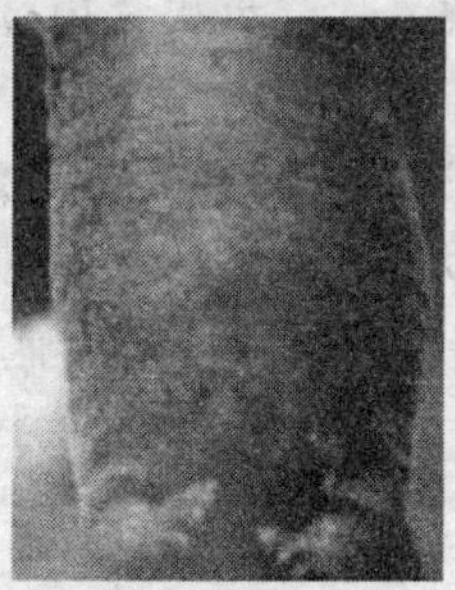

图 5-28　吃饱初乳的仔貂腹部

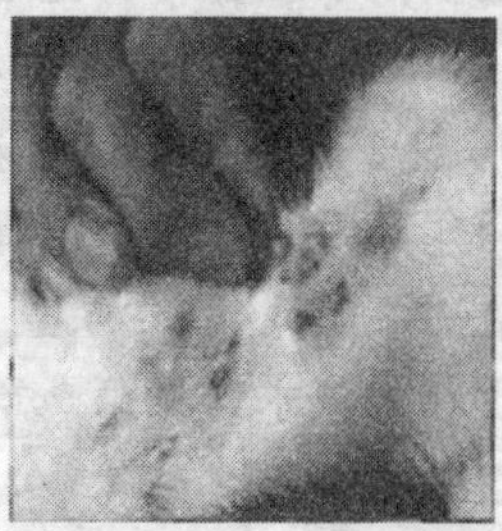

图 5-29　检查母貂泌乳

哑、冗长)时应及时进行检查；或为查明仔兽生长发育状况，每7～10天定期进行。复检主要目的仍是母兽健康、泌乳(图 5-30)和仔兽健康、生长发育情况(图 5-31)。

3. 适时代养　产仔母兽母性异常或泌乳异常时，要及早对其所产仔兽进行代养。代养时要求代养母兽与被代养母兽产期相近(不超过 3 天)；代养母兽母性好、泌乳力强、同窝仔兽数少。代养时先用产窝内或笼底下的垫草把手搓擦一遍，不要让被代养仔兽

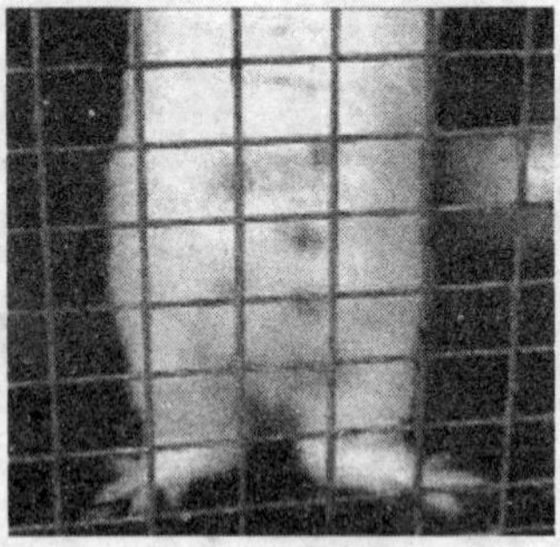

图 5-30 母貂饱满充盈的乳头

图 5-31 复检查看仔貂生长发育

身体上沾染手上异味。把被代养仔兽混入代养母兽窝内，或放在产窝门口，让代养母兽叼回均可。

4. 检查仔兽生长发育和母兽泌乳情况 结合复检要定期检查仔兽生长发育和母兽泌乳情况，遇有大群仔兽生长发育滞后，母兽泌乳力不足时，要尽快查找原因，改善饲养管理。有关哺乳期饲养管理相关技术详见第八章。

思考题

1. 毛皮动物配种分别有哪些特性？怎样做好配种工作？
2. 母兽妊娠期有哪些生理特点？怎样做好保胎壮仔工作？
3. 仔兽成活所必备的条件有哪些？怎样创造和保证这些条件？
4. 产仔保活有哪些具体措施？
5. 怎样从产仔保活结果中总结经验教训？

第六章　毛皮动物繁育技术

一、种兽选种技术

(一)选种的过程

1. 初选(窝选)　一年中的首次选种,一般在母兽断奶、仔兽分窝时进行。

初选主要以当年繁殖成绩选择老母兽,以仔兽生长情况及其祖先品质来选择幼兽。初选时留种数应比年终计划留种数多30%左右,以备复选和终选时有淘汰余地。

2. 复选　一年中第二次选种,在秋分季节(9月下旬至10月上旬)内抓紧进行。主要以初选种兽秋季换毛情况来进行选种,淘汰换毛时间延迟和换毛速度缓慢的个体。留种量应较终选计划留种数多10%左右,如预留种兽中淘汰个体较多,可从商品群中挑选优良者补充。

复选时对老种兽的要求要比幼兽更严格。

3. 终选　一年中第三次即最后1次选种,故称终选。一般在毛皮成熟后于取皮前进行。终选以种兽的毛皮品质和健康状况为主要条件。

终选应结合初选、复选情况综合进行,严格把握终选标准,宁缺毋滥。

(二)种兽选择的各项性状

1. 体型和体质　种兽体型是个体生长发育情况的具体标志。一般种公兽应优选体形修长的大体格者,而母兽宜优选体形修长的中大体格者，母兽体格过大并不适宜留种。体质应视种类不同而相应选择，如银黑狐、美国本黑水貂、蓝宝石水貂等体质紧凑，宜选体质紧凑略疏松者留种，而银蓝色水貂、北极狐，尤其是芬兰北极狐体质疏松，因此应选体质疏松、皮肤松弛者留种。

2. 毛绒品质　这是种兽选种的最重要性状，不论哪种类型均要求具有该类型的毛色和毛质的优良特征。毛色要求纯正无杂色；毛质要求绒毛丰厚、针毛灵活，分布均匀，且针、绒毛长度比适宜；被毛光泽性强；无弯曲、钩针等瑕疵。

3. 出生日期　仔兽出生日期与其翌年性成熟早晚直接相关，因此宜优选出生早并换毛早的个体留种。

4. 外生殖器官形态　外生殖器官形态异常者（如大小异常、位置异常、方向异常等）不宜留种。

5. 食欲和健康　食欲是健康的重要标志，优选食欲强的健康个体留种，患过病尤其患过生殖系统疾病的个体不宜留种。

（三）种兽品质鉴定的方法

1. 个体鉴定　即对个体性状的表现型直接鉴定，适用于遗传力比较高的各种性状，如体型、毛色、毛质、出生日期、健康状况等。但不适用于遗传力低且受环境因素影响较大的性状，如繁殖力等性状的直接鉴定。

2. 家系鉴定　又称同胞鉴定，即对每个家系（同胞和半同胞群体）的表型平均值的鉴定。适用于遗传力较低性状，如繁殖力等性状的选择。这在初选（窝选）时有重要作用。

3. 系谱鉴定　即根据祖代和后裔的品质、性状比较，对亲代进行鉴定，故称后裔鉴定。优选后裔性状优良的亲代继续作种用。

（四）水貂、狐、貉的选种标准

1. 水貂的选种标准　水貂选种标准见表 6-1，表 6-2。

表 6-1　成年水貂选种标准

	项　　目	初　选	复　选	终　选
公貂	首次交配时间	3月10日前		
	交配雌貂数(只)	＞4		
	精液品质	优		
	与配雌貂产仔率(%)	90		
	与配雌貂胎平均产仔数	≥7		
	年龄(周岁)	1～3		
	秋季换毛时间		9月中旬前	
	秋季换毛速度		快	
	毛绒品质			优
	体　况	中等	中等	中上等
	健康状况	优	优	优
	后裔鉴定	优	优	优
母貂	首次受配时间	3月10日前		
	复配次数	1～2		
	产仔日期	5月5日前		
	胎产仔数(只)	≥7		
	仔貂初生重(克)	9～11		
	仔貂成活率(%)	≥90		
	母　性	好		
	泌乳力	强		
	年龄(周岁)	1～3		
	秋季换毛时间		9月中旬	
	秋季换毛速度	快	快	优
	毛绒品质	中等	中等	中上等
	体　况	中等	中等	中上等
	健　康	优	优	优
	后裔鉴定	优	优	优

表 6-2　幼龄水貂选种标准

项　目		初　选	复　选	终　选
公貂	出生时期	4 月下旬至 5 月上旬		
	同窝仔貂数(只)	≥7		
	断奶体重(克)	≥400		
	秋分时体重(克)		≥1800	
	秋分时体长(厘米)		≥43	
	秋季换毛时间		9 月中旬	
	秋季换毛速度		快	
	毛绒品质		优	优
	毛皮成熟			完全成熟
	体　况	中上	上	上
	健康状况	优	优	优
	12 月体重(克)			≥2000
	12 月体长(厘米)			≥45
母貂	出生时期	5 月 5 日前		
	同窝仔貂数(只)	≥7		
	断奶体重(克)	≥340		
	秋分时体重(克)		≥900	
	秋分时体长(厘米)		≥37	
	秋季换毛时间		9 月中旬	
	秋季换毛速度		快	
	毛绒品质		优	优
	毛皮成熟			完全成熟
	体　况	中上	上	上
	健康状况	优	优	优
	12 月体重(克)			≥1000
	12 月体长(厘米)			≥38

2. 狐的选种标准　狐选种标准见表6-3，表6-4。

表6-3　成年狐选种标准

	项　目	初　选	复　选	终　选
公狐	初配(采精)时间	3月10日前		
	交配母狐数(只)	>4		
	精液品质	优		
	与配母狐产仔率(%)	>85		
	与配母狐胎产仔(只)	≥8		
	秋季换毛时间		9月中旬	
	秋季换毛速度		快	
	毛绒品质		优	优
	体　况		中上	中上
	健康状况	优	优	优
	后裔鉴定	优	优	优
	年龄(周岁)	1～3		
母狐	初配日期	3月20日前		
	复配次数(次)	1～2		
	产仔日期	5月10日前		
	胎产仔数(只)	银黑狐≥5 北极狐≥8		
	仔狐初生重(克)	≥80		
	仔狐成活率(%)	≥90		
	母　性	好		
	泌乳力	强		
	秋季换毛时间		9月中旬	
	秋季换毛速度		快	
	毛皮品质		优	优
	体　况	中	中上	中上
	健康状况	优	优	优
	后裔鉴定	优	优	优
	年　龄	1～3		

表 6-4 幼龄狐选种标准

项目		初选	复选	终选
公狐	出生时期	银黑狐4月上旬前、北极狐5月上旬、前芬兰北极狐5月中旬前		
	同窝仔狐数(只)	银黑狐≥5 北极狐≥8		
	断奶体重(克)	≥750		
	秋分时体重(克)	银黑狐≥5000 芬兰狐≥10000 地产狐≥4000		
	秋分时体长(厘米)	银黑狐≥60 芬兰狐≥70 地产狐≥55		
	秋季换毛时间		9月中旬	
	秋季换毛速度		快	
	毛绒品质		优	优
	毛皮成熟			完全成熟
	体况	中上	中上	中上
	健康状况	优	优	优
	12月体重(克)			银黑狐≥6500 芬兰狐≥12000 地产狐≥6000
	12月体长(厘米)			银黑狐≥65 芬兰狐≥75 地产狐≥60

续表 6-4

项　　目		初　选	复　选	终　选
母狐	出生时期	5 月中旬前		
	同窝仔狐数(只)	银黑狐≥5 北极狐≥8		
	断奶体重(克)	≥750		
	秋分时体重(千克)		银黑狐≥5 芬兰狐≥7～8 改良狐≥7～8 地产狐≥4	
	秋分时体长(厘米)		银黑狐≥60 芬兰狐≥70 改良狐≥60 地产狐≥55	
	秋季换毛时间		9 月中旬	
	秋季换毛速度		完全成熟	
	毛绒品质		优	优
	毛皮成熟			完全成熟
	体　况	中上	中上	中上
	健康状况	优	优	优
	12 月体重(千克)		银黑狐≥6 芬兰狐≥8～9 改良狐≥8～9 地产狐≥5	

3. 貉选种标准　貉选种主要注重毛绒品质和体型性状(表 6-5,表 6-6)。

表 6-5 乌苏里貉毛绒品质鉴定

鉴定项目		等级		
		一 级	二 级	三 级
针毛	毛 色	黑 色	接近黑色	黑褐色
	密 度	全身稠密	体侧稍稀	稀 疏
	分 布	均 匀	欠 匀	不 匀
	平 齐	平 齐	欠 齐	不 齐
	白 针	无或极少	少	多
	长 度	80～89 毫米	稍长或稍短	过长或过短
绒毛	毛 色	青灰色	灰 色	灰黄色
	密 度	稠 密	稍稀疏	稀 疏
	平 齐	平 齐	欠 齐	不 齐
	长 度	50～60 毫米	稍长或稍短	过长或过短
背腹毛色		差异不大	差异较大	差异过大
毛绒光泽		光 亮	欠 强	差

表 6-6 种貉体重、体长标准

测量时间	体 重(克)		体 长(厘米)	
	公	母	公	母
初选(断奶时)	1400 以上	1400 以上	40 以上	40 以上
复选(5～6 月)	5000 以上	4500 以上	62 以上	55 以上
精选(11 月)	6500～7000	5500～6500	65 以上	60 以上

白貉选种毛质和体型参照上述乌苏里貉选种标准,但要求全身被毛洁白一致,优选毛绒细密和针毛较短、平齐的个体。

(五)选种注意事项

1. 综合选种 选种是常年应注重的工作,3 次选种应分阶段重点进行,终选要综合初、复选进行。

2. 种兽群合理年龄构成　种兽群适宜年龄构成是确保高繁殖力和高遗传力的基础,应尽量增加繁殖性能可靠的老种兽的比例,成年种兽和幼年种兽比例以 7∶3 至 6∶4 为宜。成年兽超过 3 周岁时繁殖力一般都要下降,故 4 周岁以上老种兽要严格选留。

3. 严格掌握选种标准　选择种兽必须严格把握选种标准,尤其老种兽要严于小种兽,不符合留种标准的个体,一律严格淘汰,不能滥竽充数。

二、种兽选配技术

(一)选配的概念与意义

选配是为了获得优良后代而选择和确定种兽个体间交配关系的过程。选配是选种工作的继续,目的是为了在后代中巩固提高双亲的优良品质,获得新的有益性状。选配得当与否对繁殖力和后代品质有重要影响,是育种工作必不可少的重要环节。

(二)选配的原则

1. 品质选配

(1)同质选配　选择具有相同优良性状的个体交配,以期在后代中巩固和提高双亲所具有的优良特征。同质选配中要注重遗传力强的性状,且公兽要优于母兽。常用于纯种繁育及核心群的选育提高。

(2)异质选配　选择具有不同优良性状的个体交配,以其后代中用一方亲本的优点去改良另一方亲体的缺点,或者结合双亲的优良性状,创造新的优良类型。常用于杂交选育。

2. 亲缘选配

(1)远亲交配　即祖系三代内无亲缘关系的个体选配,也称远缘选配，是一般繁殖过程中所要求尽量做到的选配。

(2)近亲交配　指祖系三代内有亲缘关系的个体选配，是在育种中有目的地进行。一般生产群中应尽量杜绝近亲交配。

(3)年龄选配　不同年龄的个体选配对后代的遗传性有影响，一般老龄个体间选配，老、幼龄个体间选配，更优于幼龄个体间的选配。

(4)体型选配　公兽体型要大于母兽体型，且宜大配大、大配中、中配大、中配小，不宜大配小和小配小。

三、种兽繁育技术

(一)纯种繁育

纯种繁育是在种兽主要遗传性状的基因型相同，表现型大部分相同的种兽群中，进行同类型自繁并逐年选优去劣，选育提高的过程。

1. 尽量采用同质选配　通过同质选配巩固提高有益遗传性状的遗传力。

2. 尽量采用远缘选配　尽量采用远缘选配，减少近亲交配，以防近亲交配所带来的退化和危害。

3. 严格选种　对自繁后代要严格选种，选优去劣，一般淘汰率不应低于30%。

4. 采用品系、品族繁育　品系是指以1只优秀公兽为系祖，采取远亲或近亲繁殖所获得的一群优秀后代；品族是以1只优秀母兽为族祖，所扩繁的一群优秀后代。品系、品族形成后，不同品系、品族间再进行自群繁殖。这样不仅可避免近亲交配，还可以起到选育提高的良好作用。

(二)杂交繁育

杂交繁育是指采用2个或2个以上具有不同遗传类型和不同优良性状的种兽群相交,旨在获得杂交优势或新类型的繁育过程。

1. 改良杂交　引进优良种群对原有种群进行杂交改良称为改良杂交。

引入的优良种群必须是纯种,必须采用级进杂交的方式。级进杂交中注意远缘选配,杂交后代要严格选种,选优去劣,杂交子三代之前公兽不作种用,子四代后可开展横交固定。

第一年　　良种兽×原有兽

↓

子一代(含良种血缘50%)

第二年　　良种兽×子一代

↓

子二代(含良种血缘75%)

第三年　　良种兽×子二代

↓

子三代(含良种血缘87.5%)

第四年　　良种兽×子三代

↓

子四代(含良种血缘93.75%)

采取级进方式的改良杂交,是符合我国国情,多、快、好、省改良提高国产种群品质的捷径。近年来,引进芬兰原种狐改良提高国产狐的产业化开发,成效就非常显著。山东省潍坊市水貂、狐狸良种场,坚持用芬兰原种北极狐级进杂交改良本场狐已达第五代。

2. 不同类型种兽间的杂交　主要指同种种兽的不同色型或同种不同属的种兽之间的杂交。经常采用的有不同色型水貂之间杂交、北极狐与影狐之间杂交、银黑狐与北极狐之间的属间杂交、白貉与褐色貉之间杂交等。

(1)影狐与北极狐杂交　采用影狐公狐与北极狐母狐杂交,或用北极狐公狐与影狐母狐杂交,后代中北极狐、影狐各占50%。不要采用影狐之间的选配,因其白色基因纯合有胚胎致死现象,产仔数会明显降低,后代中影狐也只有50%。

白貉的繁殖与影狐一样亦不宜同色型选配。

(2)银黑狐与北极狐杂交　事先于冬至期间给银黑狐公狐埋植2粒褪黑激素,以延缓其睾丸萎缩,保证其与母北极狐的繁殖同步。

采用人工授精或自然交配,使发情母北极狐与银黑狐公狐受配。挑选毛色深、黑白毛色反差大和银毛率高的银黑狐公狐,所繁殖的杂交后代毛绒品质好。杂交后代不育,不能作为种狐繁殖。

(3)银黑狐与影狐杂交　宜用银黑狐为父本以影狐作母本,后代为金岛型狐。

(4)彩色水貂的繁育规则

①彩色水貂多数适宜同色型纯种繁育:显性基因纯合无胚胎致死和隐性基因彩貂,均宜同色型纯种繁殖,后代整齐一致无其他杂色型出现(图6-1)。

图6-1　同色型彩貂纯繁

②双隐性基因色型宜与含其中同一单隐性基因型色型杂交:子一代均为单隐性基因彩色水貂表现型(图6-2),不出现其他色型。子一代回交时,可获1/2双隐性基因色型和1/2单隐性基因色型(图6-3);子一代横交时,可获1/4双隐性基因色型和3/4单隐性基因色型(图6-4)。这种繁育方法后代皆为彩色水貂类型,利于生产批量彩色水貂皮产品并增加经济效益。

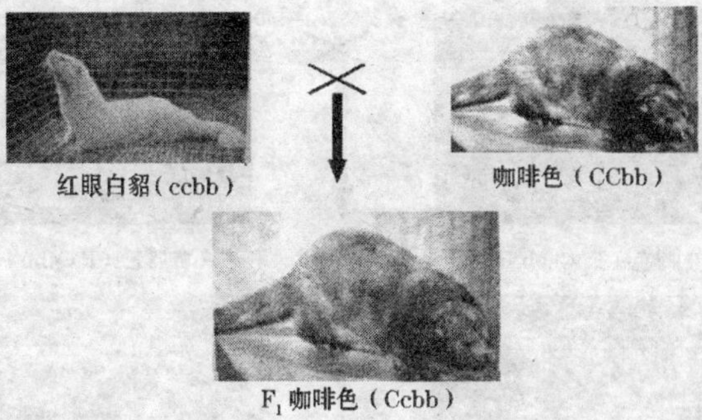

图 6-2　双隐性彩貂与相同单隐性彩貂杂交 F_1 为单隐性基因色型

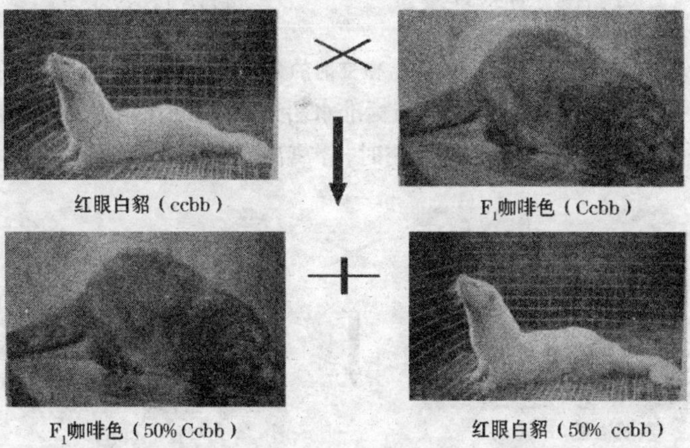

图 6-3　F_1 回交的分离现象

非育种和培育新色型彩貂需要，一般不要采用不同基因型彩色水貂间杂交。否则会出现大量杂色后代，横交后又出现众多分离，降低经济效益。

为提高彩色水貂生活力和改善其血缘关系，可适当开展彩色水貂与标准水貂杂交，杂交后代再与亲本彩色水貂回交，以分离彩色水貂。

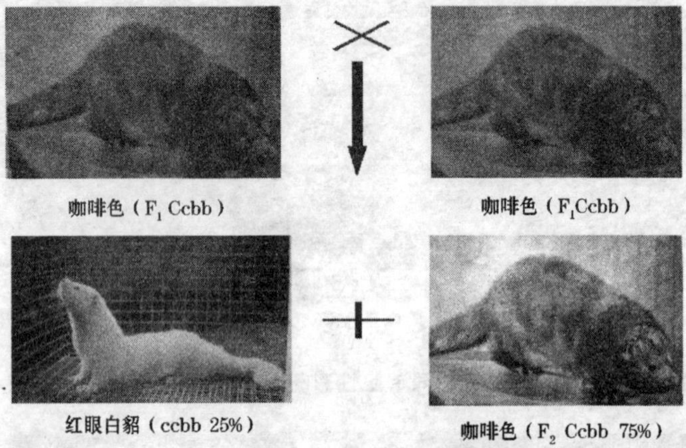

图 6-4　F_1 横交时的分离现象

③单隐性基因彩色水貂与标准水貂杂交：子一代均为表型黑褐色杂合水貂(图 6-5)，子一代回交时，分离出 1/2 亲本单隐性彩色水貂

图 6-5　标准水貂与单隐性彩貂杂交 F_1 均为黑褐色

(图 6-6),子一代横交时分离出 1/4 亲本单隐性彩色水貂(图 6-7)。

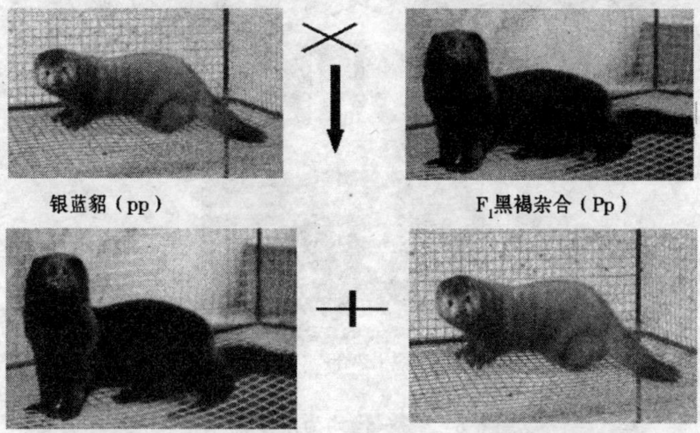

图 6-6　F_1 与亲代回交分离现象

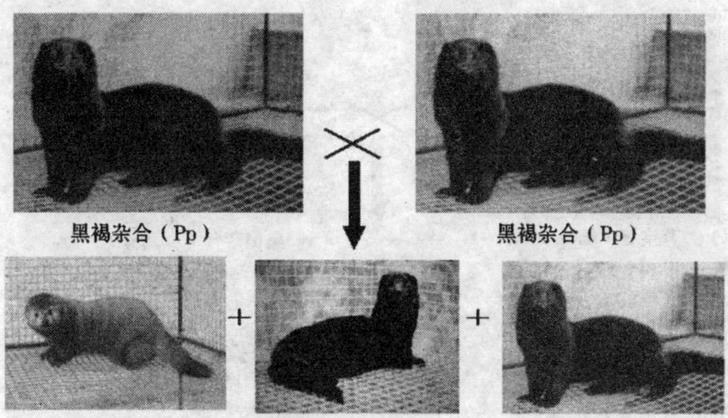

图 6-7　F_1 横交时的毛色分离

④双隐性基因彩色水貂与标准水貂杂交　子一代也均为黑褐色杂合水貂(图 6-8);子一代回交时,表型黑褐、组成双隐性基因

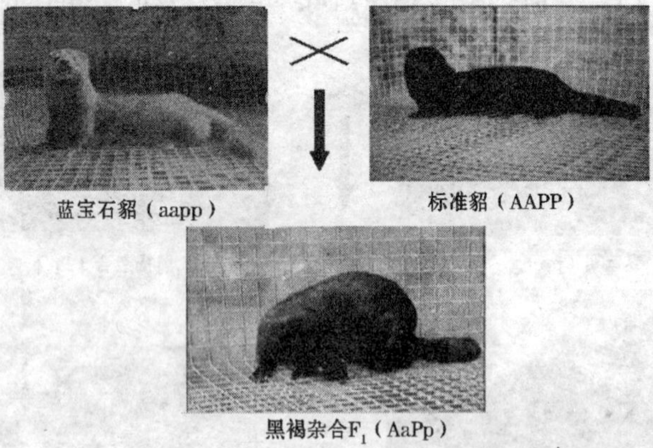

图 6-8　子一代均为表型黑褐色

的单隐性基因色型和双隐性基因型彩貂 4 种色型，各占 25%（图 6-9）；子一代横交时，会出现表型黑褐色、组成双隐性彩色水貂的

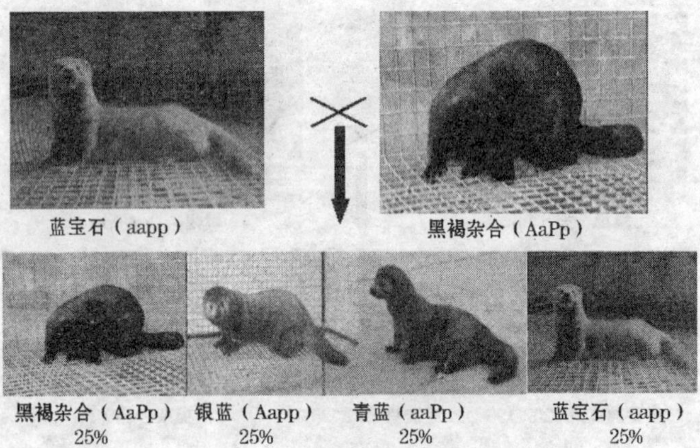

图 6-9　F_1 回交时毛色分离现象

单隐性基因色型和双隐性基因型彩貂 4 种色型，其比例为 9∶3∶3∶1（图 6-10）。

黑褐杂合 AaPp　　　　黑褐杂合 AaPp

配子	AP	Ap	aP	ap
AP	AAPP	AAPp	AaPP	AaPp
Ap	AAPp	AApp	AaPp	Aapp
aP	AaPP	AaPp	aaPP	aaPp
ap	AaPp	Aapp	aaPp	aapp

黑褐杂合 9　:银蓝 3　:青蓝 3　:蓝宝石 1

图 6-10　F_1 横交时毛色分离现象

⑤双隐性毛色基因彩貂与无相同单隐性毛色基因彩貂间的杂交:子一代全部为黑褐色(图 6-11)。子一代横交时,子二代出现 8

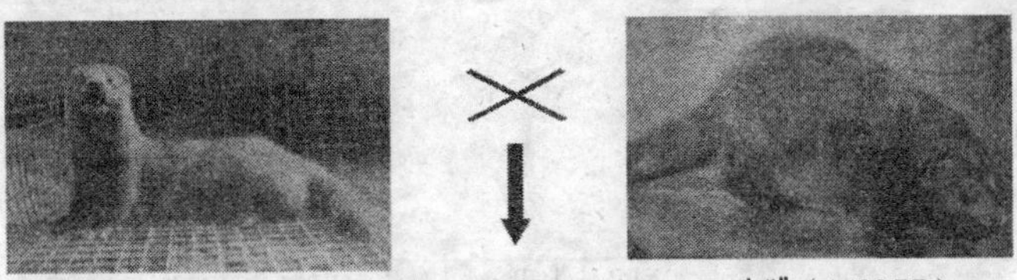

蓝宝石(aaBBpp)　　　　咖啡(AAbbPP)

黑褐杂合F_1(AaBbPp)

图 6-11　子一代均为表型黑褐色

种表现型(图 6-12)。子一代与双隐性基因亲本回交,子二代出现

F_1 AaBbPp　　　　F_1 AaBbPp

配子	BPA	BPa	BpA	Bpa	bPA	bPa	bpA	bpa
BPA	BBPPAA	BBPPAa	BBPpAA	BBPpAa	BbPPAA	BbPPAa	BbPpAA	BbPpAa
BPa	BBPPAa	BBPPaa	BBPpAa	BBFpaa	BbPPAa	BbPPaa	BbPpAa	BbPpaa
BpA	BBPpAA	BBPpAa	BBppAA	BBppAa	BbPpAA	BbPpAa	BbppAa	BbppAa
Bpa	BBPpAa	BBPpaa	BBppAa	BBppaa	BbPpAa	BbPpaa	BbppAa	Bbppaa
bPA	BbPPAA	BbPPAa	BbPpAA	BbPpAa	bbPPAA	bbPPAa	bbPpA	bbPpAa
bPa	BbPPAa	BbPPaa	BbPpAa	BbFpaa	bbPPAa	bbPPaa	bbPpAa	bbPpaa
bpA	BBPpAA	BbPpAa	BbppAA	BbppAa	bbPpAA	bbPpAa	bbppAA	bbppAa
bpa	BbPpAa	BbPpaa	BbppAa	Bbppaa	bbPpAa	bbPpaa	bbppAa	bbppaa

27 : 9 : 9 : 9 : 3 : 3 : 3 : 1

黑褐色	青蓝色	银蓝色	咖啡色	蓝宝石	亚麻蓝	依立克	冬蓝色

图 6-12　子一代横交时的毛色分离

4 种表现型(图 6-13)。与单隐性基因亲本回交,子二代出现两种表现型(图 6-14)。

蓝宝石(aaBBpp)

黑褐杂合F_1(AaBbPp)

配子	ABP	ABp	aBP	aBp	AbP	Abp	abP	abp
Bpa	AaBBPp	AaBBpp	aaBBPp	aaBBpp	AaBbPp	AaBbpp	aaBbPp	aaBbpp

黑褐色(25%)

蓝宝石色(25%)

银蓝色(25%)

青蓝色(25%)

图 6-13　子一代与双隐性基因毛色亲本回交时的毛色分离

用彩色水貂与标准水貂杂交所分离出的彩色水貂,由于血缘

咖啡色 bbPPAA　　黑褐杂合 BbPpAa

配 子	BPA	BPa	BpA	Bpa	bPA	bPa	bpA	bpa
bPA	Bbpp AA	BbPP Aa	BbPp AA	BbPp Aa	bbPP AA	bbPP Aa	bbPP AA	bbPp Aa

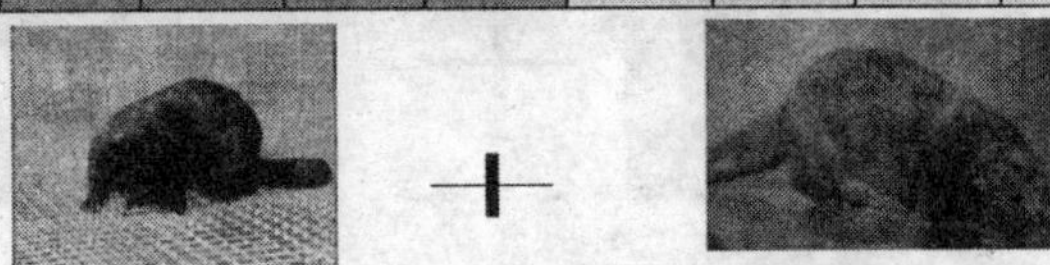

黑褐杂合50%　　咖啡色50%

图 6-14　子一代与单隐性基因毛色亲本回交时的毛色分离

较远不但自身的生命力和繁殖力提高，而且后代生命力和适应性也随之提高，繁殖成活率明显高于纯繁后代。是提高彩色水貂生产性能的主要措施。

⑥标准水貂与一对或一个显性基因的彩色水貂杂交：标准水貂与显性白水貂杂交见图 6-15。

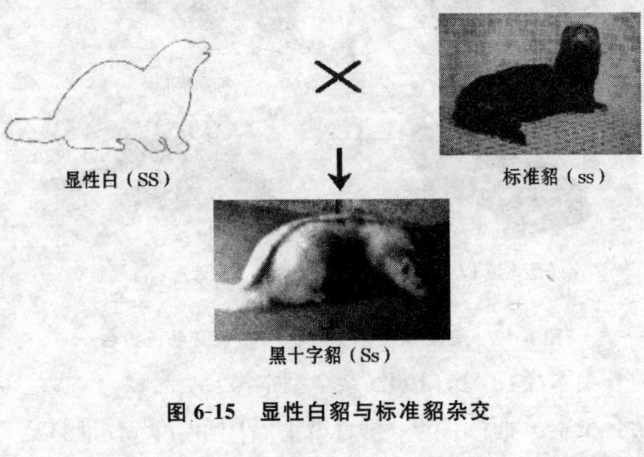

图 6-15　显性白貂与标准貂杂交

标准水貂与黑十字貂杂交见图6-16。

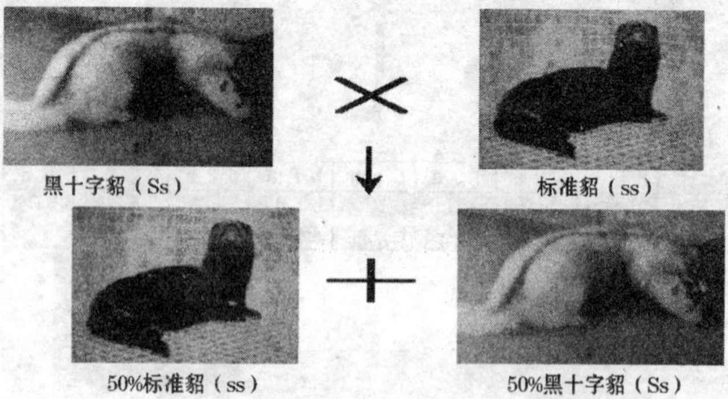

图6-16　黑十字貂与标准貂杂交

⑦美国本黑水貂毛色遗传：美国本黑水貂毛色性状亦为显性遗传，其基因型有纯合(JJ)和杂合(Jj)两种。其与标准水貂杂交效果如下(图6-17)：

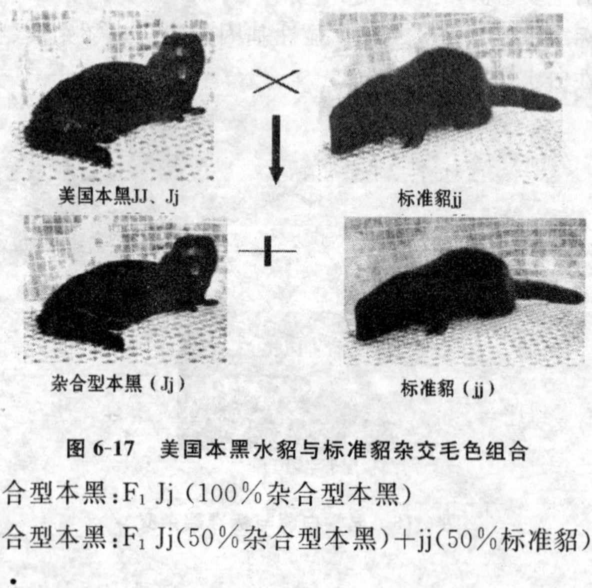

图6-17　美国本黑水貂与标准貂杂交毛色组合

纯合型本黑：F_1 Jj (100％杂合型本黑)

杂合型本黑：F_1 Jj(50％杂合型本黑)＋jj(50％标准貂)

F_1 级进杂交：

纯合型本黑：JJ×Jj→ JJ(50%纯合本黑)+Jj(50%杂合本黑)

杂合型本黑：Jj×Jj→JJ(25%纯合本黑)+Jj(50%杂合本黑)+jj(25%标准貂)

美国本黑水貂是改良提高国内水貂种群品质的最佳优良类型，尤其在毛色改良上收效最快，应广为利用。

不了解毛色遗传基本知识，凭想象对彩貂盲目选配，无目的、无规律的彩貂选配，只能生产大量的杂合后代；无论作为黑褐色型还是彩貂色型，毛色都不正宗标准，有的甚至成了杂花皮，并不能提高经济效益。

（三）育种核心群繁育

以育种为目的，把种群中最优良的个体集中在一起，所组成的优良种兽群，被称为育种核心群。加强育种核心群的繁育，可始终保持其优良地位，是更适于中、小型养殖场(户)育种的好而简便的方式。①育种核心群由全场中遗传性状最优秀的个体组成，选育过程中严格选优去劣，生产群中发现个别优良个体也可随时向核心群中补充。②核心群自群繁殖已属同质选配和纯种繁殖，但应注意尽量远血缘选配。③核心群被淘汰的种兽，品质仍高于生产群时，可移入生产群作种兽用。④注重核心群选育提高。

核心群要不断选育提高，要及时发现和避免某些性状的缺陷或不足，同时注意核心群中新出现的有益性状并进行选育提高。

思考题

1. 一年中哪次种兽选种最重要？为什么？
2. 种兽选配应注意好哪些原则？
3. 种兽选育有什么长远意义？如何灵活运用选育的方式？
4. 显性遗传、隐性遗传都有什么特点？如何进行彩色种兽的选育？

5. 组建育种核心群有什么意义？怎样保持其优势？

第七章　毛皮动物年饲养周期的饲养管理

一、繁殖、换毛与日照周期变化的关系

(一)不同日照阶段毛皮动物的生理变化

毛皮动物的繁殖、换毛与日照周期的变化有很大关系(图 7-1),依照日照周期的长短变化,完成不同的生理功能。只有长、短日照明显的地区才适宜毛皮动物繁殖。毛皮动物的生产时期依赖于光照周期。

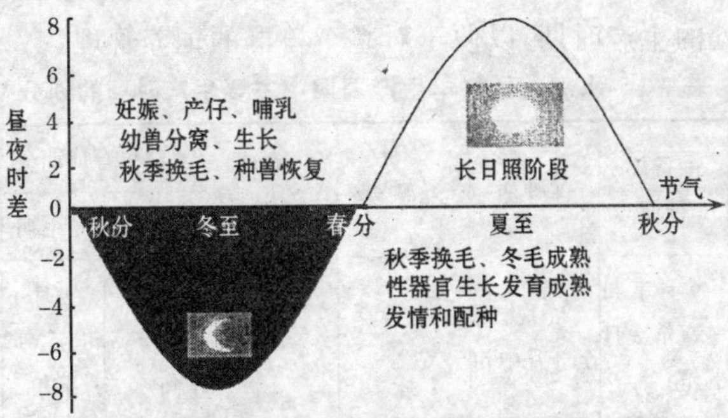

图 7-1　日照周期与毛皮动物繁殖、换毛周期的关系

毛皮动物年生产周期起始于秋分。秋分至冬至是日照时间的渐短期,冬至时白昼时间最短。冬至后白昼时间转为逐渐增加,但至春分前白昼时间仍短于黑夜,故秋分至春分这半年时间被称为

短日照阶段。毛皮动物在短日照阶段主要生理变化是夏季被毛脱换成冬季被毛、冬毛生长和成熟，性器官生长发育至成熟并发情和交配。这些生理功能均需短日照制约，被称为短日照生理效应。春分过后日照时间升至白昼长于黑夜，直至秋分为止，故这半年时间被称为长日照阶段。毛皮动物在此阶段主要生理功能是脱冬毛换夏毛，母兽妊娠和产仔哺乳，仔兽分窝、幼兽生长和种兽恢复，称之为长日照效应。

(二)水貂、狐、貉生产时期的大致划分

水貂、狐、貉年生产周期中主要生产时期的划分见表7-1。

1. 种群生产时期的划分 水貂、狐、貉年生产周期中各生产时期的划分，系指种群而言。个体间会存在参差不齐和互相交错的情况，如先配种的种兽有的已进入妊娠或产仔哺乳期，而后配种的种兽可能仍在配种期或妊娠期。生产时期划分应考虑群体大多数动物所处的生产时期，以便于对整个兽群的饲养管理。

表7-1 水貂、狐、貉年生产周期中主要生产时期的划分

兽别	性别	准备配种期	配种期	妊娠期	产仔哺乳期	幼兽育成期		种兽恢复期
						生长期	冬毛期	
水貂	♂	9月下旬至翌年2月下旬	3月上旬至3月中旬			6月上旬至9月中旬	9月下旬至12月下旬	3月下旬至9月下旬
	♀	9月下旬至翌年2月下旬	3月上旬至3月中旬	3月上旬至5月上旬	4月中旬至6月上旬	6月上旬至9月中旬	9月下旬至12月下旬	6月上旬至9月下旬

续表 7-1

兽别	性别	准备配种期	配种期	妊娠期	产仔哺乳期	幼兽育成期		种兽恢复期
						生长期	冬毛期	
北极狐	♂	9月下旬至翌年2月下旬	2月下旬至4月上旬			6月上旬至9月下旬	9月下旬至12月下旬	4月中旬至9月下旬
	♀	9月下旬至翌年2月下旬	2月下旬至4月中旬	2月下旬至6月中旬	4月中旬至7月下旬	6月中旬至9月下旬	9月下旬至12月下旬	6月下旬至9月下旬
银黑狐、貉	♂	9月下旬至翌年1月下旬	1月下旬至3月下旬			5月上旬至9月下旬	9月下旬至12月下旬	3月下旬至9月下旬
	♀	9月下旬至翌年1月下旬	1月下旬至3月下旬	1月下旬至5月下旬	3月下旬至7月下旬	5月上旬至9月下旬	9月下旬至12月下旬	7月中旬至9月下旬

2. 各生产时期的关系　水貂、狐、貉各生产时期划分不是截然独立的，前后时期有互相依赖的关系。全年各生产时期都重要，前一时期的管理失利会对后一时期带来不利影响，任何一个时期的管理失误都会给全年生产带来不可逆转的损失。但相对来讲繁殖期（准备配种期至产仔哺乳期）更重要一些，其中尤以妊娠期更为重要，是全年生产周期中最重要的管理阶段。

二、各生产时期的饲养管理

（一）准备配种期

1. 准备配种期饲养管理的任务　准备配种期饲养管理的任

务是促进种兽冬毛迅速成熟和性器官发育，调整好种兽体况，为繁殖奠定良好的基础。

2. 准备配种期饲养 饲养上要满足种兽冬毛成熟和性器官生长发育的营养需要，为配合调整体况，日粮要求高蛋白质和较低能量水平（详见第八章毛皮动物日粮标准），从冬至开始保证全价蛋白质饲料和繁殖维生素（维生素 A、维生素 E）的持续补给，以促进性器官的生长发育。

3. 种兽体况调整 种兽体况调整，分 2 个阶段进行。秋分（9 月下旬）至冬至（12 月下旬）之间，种兽体况应中等偏上；12 月下旬至翌年 1 月下旬银黑狐、貉体况下降至中等水平；至 2 月下旬北极狐、水貂体况下降至中等水平；母兽要中等略偏下，公兽中等略偏上（图 7-2）。种兽的适宜体重指数（体重克数/体长厘米数）水貂 24～26，地产北极狐、银黑狐、貉 100 左右，改良北极狐和芬兰北极狐 120 左右。

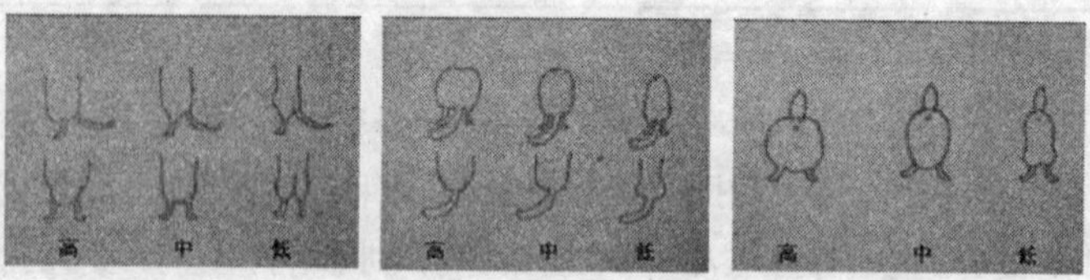

图 7-2　水貂（左）、狐（中）、貉（右）体况示意图

水貂和狐体况鉴别可直接目测观察，貉必须抓住尾巴提起后臀部观察。

4. 提供适宜光照 秋分至冬至期间种兽可降低光照强度，而冬至以后种兽需要增加光照强度（养在南侧光照充足的笼舍除外），但不要盲目人工照明。

5. 异性刺激 配种前 1～2 周应加强对种公兽的异性刺激，促进兽群性兴奋。简便的方法是公、母兽互换笼舍穿插排列，或将

图 7-3　异性刺激(水貂)

母兽装入串笼内放在公兽笼内或上方，放出公、母兽在场内自由运动(图 7-3，图 7-4)。隔三差五地向日粮中加入少许葱、蒜类有辛辣气味的饲料，也有异性刺激的作用。有辛辣气味的饲料不能当菜来喂，否则会引起中毒。

6. 做好配种期的各项准备工作 主要是配种工作计划、种兽选配计划、人员技术培训和所需物品、药品准备等。如需开展狐人工授精繁殖，应按“狐人工授精实用技术操作规程”要求，做好狐人工授精各项准备工作(详见第五章)。

(二)配 种 期

1. 配种期饲养管理的工作任务 确保发情母兽适时受配，保证交配质量，提高种公兽交配率和母兽受胎率。

图 7-4　异性刺激(狐)

2. 准确进行母兽发情鉴定 采取外生殖器官目测检查、阴道细胞图像观察、发情测定仪器测试和放对试情相结合的方法，准确进行母兽发情鉴定。以目测外生殖器官变化为主，以仪器测试为辅，以放对试情为准，准确把握种母兽的交配或人工授精时机(详见第五章)。

3. 准确观察种兽交配行为，确保交配质量 认真观察公、母兽的交配行为，确认母兽真受配、假受配或误配。交配时间短不易确认时，应辅以精子显微镜检查来确认。对确认假受配或误配的母兽，应尽快更换公兽进行有效补配。正常饲养条件下，母兽受配率应不低于95%(详见第五章)。

水貂采取二次配种的复配方式,狐、貉采取连续复配方式,复配1～2次。

4. 精液品质检查,淘汰不育公兽 配种开始后必须对公兽进行精液品质检查,严格淘汰精液品质不良的不育公兽。监察公兽群精液品质的变化,遇有精液品质普遍下降,应及时查明原因,加强饲养管理(详见第五章)。

(三)妊娠期

1. 妊娠期饲养管理的重要意义 妊娠期是指交配后至产仔前、胚胎生长发育的整个时期,是全年饲养管理的最重要阶段。妊娠期如同农作物的保墒期,一旦饲养管理失误,所造成的损失是胚胎的群体损失,而非动物的个体损失,因此是决定种兽繁殖成绩的最关键的生产时期。

2. 妊娠期工作任务 满足母兽和胎儿营养需要,调整好母兽体况,以期生产健壮仔兽并为母兽产后泌乳创造良好的基础条件。

3. 妊娠期的日粮 妊娠期日粮要求做到饲料品质鲜、营养价值全、适口性强、数量适当,具体日粮标准详见第八章。

(1)*饲料品质要新鲜* 妊娠母兽对饲料品质的新鲜程度要求很严,品质失鲜的饲料容易引起母貂胃肠炎并毒害胎儿,继而造成妊娠中断或流产。

①动物性饲料:动物性饲料必须有可靠的来源,且经兽医卫生检疫确认为无疾病隐患和无污染。

含有激素类的动物产品,如通过激素化学去势或肥育的畜禽,带有甲状腺的气管、性器官、胎盘等饲料,不能饲喂妊娠母兽;脂肪已出现氧化变质的饲料,不能饲喂妊娠母兽;含有毒素的鱼等动物性饲料,不能饲喂妊娠母兽;冷藏时间超过3个月的动物性饲料,不宜饲喂妊娠母兽;失鲜的蛋类、酸败的奶类饲料,不宜饲喂妊娠母兽。

②谷物饲料：谷物潮结、发霉被真菌污染时，不能用来饲喂妊娠母兽；谷物熟制不透，不能用来饲喂妊娠母兽；蔬菜类饲料腐烂、堆积发热时，不能用来饲喂妊娠母兽；被农药等有害物质污染的蔬菜，不能用来饲喂妊娠母兽；怀疑谷物饲料轻度发霉时，应添喂“毒去完”等制真菌添加剂予以预防。

③添加剂饲料：维生素类、无机盐、微量元素等添加剂饲料要质量可靠，含量充足，陈旧过期、变质亦不能用来饲喂妊娠母兽。

(2)营养价值要完全　主要指保证全价蛋白质、必需脂肪酸和维生素、无机盐和微量元素的补给(图 7-5)。

① 保证全价蛋白质饲料的补给：恒温动物的瘦肉、鲜血、心、肝、奶类、蛋类均为全价蛋白质饲料，应占日粮动物性饲料的20%～30%。

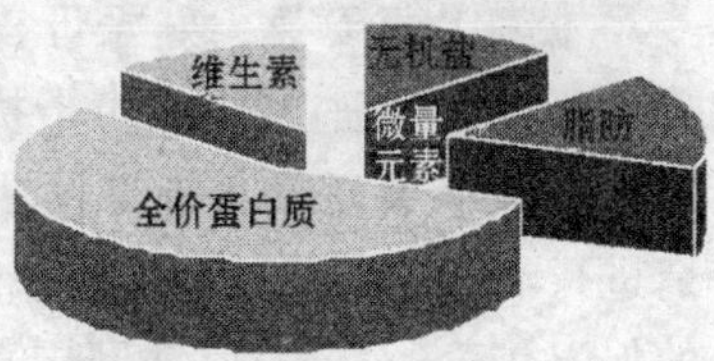

图 7-5　日粮营养组成齐全

②保证必需脂肪酸的供给：必需脂肪酸只在植物油中含有，妊娠母兽日粮应少量添加植物油以补充必需脂肪酸补给(2～5 克/只・日)。

③保证维生素、无机盐、微量元素饲料供给：应按妊娠期营养需要保质、保量补给，注意贮存、加工过程勿受破坏。非毛皮兽专用添加剂，如畜、禽用添加剂，不宜在繁殖期使用。

(3)适口性要强　要保证妊娠期主要饲料种类的稳定供给，不要中途突然改变饲料的种类。

注意饲料贮存、加工中不要沾染其他异味。

(4)数量要适当　妊娠期要视母貂个体妊娠状态和体况而分配饲料量，以控制妊娠母貂的适宜体况。

4. 适时增加日粮量　水貂清明(4 月上旬)前后、狐配种结束

1个月之后，才能视种母兽妊娠情况，适当增加日粮量和营养水平，不宜过早。

5. 适当控制体况 种母兽妊娠期体况控制仍不能忽视，妊娠前期仍应保持配种期的中等或中等略偏下的体况，妊娠后期至产仔前升到中等或中等略偏上的体况，千万不要在产仔前升至上等体况。

6. 严防疾病发生 妊娠母兽抵抗力低，易发各种疾病，要以预防为主，严防疾病发生，一旦出现疾病，要及时对症治疗，同时应用黄体酮药物保胎。遇有胃肠道疾病发生时，要及时查明原因并调整饲料。

7. 保持环境安静 妊娠母兽胆小易惊，妊娠期要谢绝参观，饲养员要定群管理，减少噪声干扰，保持环境安静。

8. 产前产窝消毒和添加保温垫草 按预产期提前1～2周对产窝进行消毒（3％热碱水洗刷或火焰喷烧），并加垫清洁、干燥、柔软的保温垫草，水貂采取铁网围草，狐、貉采取铁网压草的方法垫草，同时打开窝室的入口，让临产母兽熟悉和习惯窝室环境。

此外，还应做好产仔期产仔保活各项准备工作。

（四）产仔哺乳期

1. 产仔哺乳期工作任务 产仔哺乳期主要饲养管理任务是给母、仔兽创造正常生活所必需的环境条件，即正常的母性、充盈的乳汁、适宜的窝温、健康的身体和安静的环境（图7-6），尽最大努力进行产仔保活（具体技术详见第六章）。

2. 产仔母兽的日粮 母兽产仔后不再控制其日粮量，保证产仔母兽吃饱吃好。日粮标准可持续妊娠期水平，或略高于妊娠期水平。日粮中适当增加脂肪和催乳饲料（精肉、奶、蛋、肝、血等）有助于母兽泌乳。添加饲料（维生素、无机盐、微量元素等）应考虑到仔兽的需要，按妊娠期加倍量供给。日粮配方详见后文毛皮兽经验日粮标准。

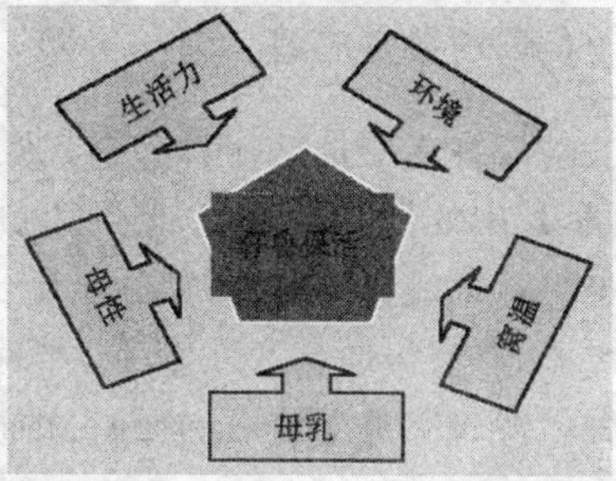

图 7-6 影响仔兽成活的五要素

3. 及时清理产窝垫草，保持产窝卫生 仔兽在3周龄后开始采食饲料，母兽不再为其舔食粪便，因此产窝内会变得潮湿污秽。应注意产窝内的卫生，勤换垫草。天气温暖地区，也可在仔兽采食饲料后，关闭产窝的出入口，将母仔兽一起隔离在笼内。

4. 哺乳后期注意母仔关系的行为变化 产仔哺乳的前、中期母仔关系非常和谐和融洽。而哺乳后期，由于母乳分泌减少，母仔关系变得疏远和紧张。应随时观察这些行为变化，一旦出现母仔兽间或仔兽之间发生敌对的咬斗行为，要采取适时分窝的措施，防止咬死、咬伤事故发生。

5. 分窝准备 做好仔兽分窝的笼舍、用品准备工作。

6. 仔兽及时分窝 分窝是指让仔兽离开母兽独立生活。适时分窝是指仔兽分窝后能独立生活，且生长发育不出现停顿或负增长现象。适宜的分窝时间在35～60日龄；生长发育正常者一般在40～45日龄；母、仔关系已变紧张，同窝仔兽多且发生严重咬斗行为的，可提早一些在35日龄分窝；仔兽发育滞后，但母兽母性尚好的情况下，可稍晚些并在仔兽60日龄前分窝。

7. 母源关系记录 仔兽分窝后做好仔兽位置和其母源关系的记录，以防系谱错乱不清。

8. 仔兽分窝时的初选 仔兽分窝时要进行第一次母、仔兽选种，称初选或窝选(详见第六章)。

(五)幼兽育成期

幼兽育成期是指仔兽分窝以后至体成熟(12 月下旬)的一段时间,其中分窝至秋分(9 月下旬)是幼兽体格迅速增长期,故又称幼兽生长期或育成前期;秋分至冬至是幼兽、种兽冬毛生长成熟的阶段,故对皮兽而言又称冬毛生长期或育成后期;对种兽而言秋分以后已转入准备配种期,故种兽的准备配种期与冬毛生长期是相互重叠的。

1. 分窝后的幼兽先一笼双养　刚分窝的幼兽可先 2～4 只合养或一笼双养,双养使幼兽减少惊恐,加快适应独立生活的能力。

2. 适时疫苗接种　幼兽分窝后的第三周(15～21 天)内,必须及时进行犬瘟热、病毒性肠炎(貂)和脑炎(狐、貉)疫苗接种,严防这 3 种传染病发生。不要有意无意漏注某种疫苗,更不要过早或过晚注射疫苗(图 7-7)。犬瘟热、脑炎疫苗皮下注射,肠炎疫苗肌内注射。

1　　2　　3

图 7-7　不同免疫接种时间的免疫效果

1. 分窝后 2 周内接种,母源抗体中和疫苗,免疫效果不良
2. 分窝后 3 周内接种,母源抗体基本消失,免疫效果最佳
3. 分窝 3 周后,母源抗体消失,处于免疫空档期,不及时接种极易感染发病

3. 刚分窝的头 1～2 周食量逐渐增加　应投喂营养丰富、品质新鲜、容易消化的饲料和日粮,喂量不要太多,以便幼兽适应饲料,食量逐渐增加,防止出现消化不良和消化道疾病。

分窝半个月以后提高日粮量,以幼兽吃饱而不剩余浪费为原则。幼龄狐、幼龄貉吃饱的标致是幼兽连续采食一段时间后，尚有剩余饲料，幼龄貂是喂食后1小时左右饲料才能吃光，且消化和粪便情况无异常。喂饲应尽量在早、晚天气较凉爽时进行。具体日粮标准详见第八章。

幼貂育成期正是催大个的关键阶段，增加干物质营养采食量是关键。提倡干配合饲料与自配鲜饲料混合搭配，混合饲料宜稠不宜稀（图7-8，图7-9），干配合饲料加水量以2～2.5倍为宜。

4. 加强卫生管理，预防疾病发生　幼兽育成期正值天气炎热的时期，也是各种疾病的多发期。首先要加强饲养管理，提高幼兽的抗病力，其次要加强卫生管理，及时清理笼网、地面粪便，搞好环境卫生，另外要及时发现患病幼兽，及早治疗疾病。

图7-8　丹麦水貂的泥膏状饲料　（张树军供稿）

图7-9　加工浓稠饲料

5. 严防幼兽中暑　夏季炎热，尤其是闷热无风天气时，要严防幼兽中暑发生。预防措施是向笼舍地面洒水降温，中午和午后经常驱赶熟睡的幼兽运动，张挂遮阳网防止阳光直射笼舍等（图7-10，图7-11）。

6. 秋分时节种兽复选　秋分时节要抓住观毛选种的有利时机，在窝选（初选）的基础上，主要根据幼兽秋季换毛情况进行种兽复选。秋分后选留

图 7-10　张挂遮阳网

图 7-11　植树遮阴

的种兽转入准备配种期饲养，淘汰的皮兽转入冬毛生长期饲养。

7. 皮兽转入暗环境饲养　秋分以后要将皮兽养在棚舍光照度较低的地方（如北侧、树荫下），这有利于皮兽肥育和提高毛皮质量。

8. 皮兽的肥育饲养　皮兽在保证冬毛正常生长发育的同时，宜肥育饲养，以期生产张幅大的毛皮。肥育饲养的日粮要求适宜的蛋白质水平和较高的能量水平。

9. 及时清理笼网粪便和活体梳毛　要及时清理毛皮兽笼网上积存的粪便，以免玷污毛皮兽毛绒，遇有毛皮兽被毛脏污、缠结时，要及时进行活体梳毛。

10. 做好毛皮兽取皮准备工作　11 月下旬以后毛皮兽毛皮已逐渐成熟，应在取皮前做好各项取皮准备工作。

11. 监测幼兽生长发育及冬毛成熟情况　幼兽育成前期要定期检测幼兽体重的增长情况，了解幼兽生长发育情况；幼兽育成后期则要定期观察冬毛生长成熟情况。如发现幼兽生长发育滞后或皮兽冬毛生长成熟缓慢，则应及时查找原因，并迅速加以纠正。正常饲养管理条件下，幼兽体重增长的标准见表 7-2，表 7-3，表 7-4。

表 7-2　水貂幼兽平均体重指标　（单位:克）

月、日	7.1	8.1	9.1	10.1	11.1
公　貂	750	1130	1450	1605	2000
母　貂	570	730	890	940	1000

表 7-3　幼龄狐各月龄体重指标　（单位:克）

月　龄	1	2	3	4	5	6	7
银黑狐	600～800	1850	3140	4310	5210	5660	5960
芬兰纯繁狐	—	2540	5330	7870	10200	12500	14000
改良北极狐	1350	3200	4750	5700	6600	7700	8100
地产北极狐	700	1600	2700	3400	4000	4500	5000

表 7-4　仔、幼貉各月龄体重指标　（单位:克）

月　龄	公　貉	母　貉
初　生	120.1	117.2
1	541.9	538.6
2	1370.65	1382.50
3	2724.1	2783.1
4	4058.3	4184.9
5	4769.2	4957.6
6	5445.0	5654.3

(六)种兽恢复期

1. 种兽恢复期饲养管理任务和重要作用 种兽恢复期是指公兽结束交配,母兽结束哺乳后至准备配种期开始前的一段恢复时期。饲养管理任务是优选翌年留种种兽促进其体况恢复,对保证其翌年种用价值有重要作用。

2. 母兽哺乳结束后立即进行选种 选择当年繁殖力高的公、母兽继续在翌年利用。

3. 淘汰的老种兽及时埋植褪黑激素 淘汰的老种兽于6月份内及时埋植褪黑激素,以便在9月底至10月上旬提前取皮(详见褪黑激素埋植操作规程)。

4. 种兽恢复期的饲养 公、母兽繁殖结束后的2～3周仍应喂给繁殖期日粮,4周以后再转喂恢复期日粮。

种母兽断奶的头1周时间内应减少日粮饲喂量,以防淤滞性乳房炎的发生。对个别繁殖力高而营养消耗大的体弱母兽(哺乳症)应特殊补饲(图7-12)。

图7-12 对高产老母兽特殊补饲

5. 种兽恢复期的管理 继续留种的种兽要集中在一起,以便于管理。注意及时发现和治疗所出现的疾患,并于繁殖结束后和翌年繁殖前接种2次疫苗防疫。

6. 监查种兽恢复情况 恢复期至秋分(9月下旬)时结束,秋分季节种兽已明显秋季换毛是恢复良好的体现。如秋分季节种兽换毛尚不明显,则应在准备配种期内更要加强饲养管理。

三、埋植褪黑激素诱导冬毛早熟技术

(一)褪黑激素作用原理

褪黑激素是松果体分泌的一种激素，有调节昼夜节律和季节节律的作用。给珍贵毛皮动物埋植褪黑激素，能诱发动物短日照效应。毛皮动物秋季换毛和冬毛生长正是这种短日照效应，故可起到诱导冬毛早熟的作用。

(二)褪黑激素埋植方法

1. 购买质量可靠的褪黑激素产品　质量可靠的褪黑激素应含量充足、埋植后缓释时间长(3～4 个月)，效果明显。褪黑激素产品性质较稳定，一般常温避光保存 1～2 年亦不失效，若在冰箱中低温保存效果更佳。

2. 褪黑激素适宜埋植时间

(1)淘汰老种兽的适宜埋植时间　老种兽繁殖结束即仔兽断奶分窝后要适时初选，淘汰的老种兽在 6 月份内埋植褪黑激素。但埋植时老种兽应有明显的春季脱毛迹象，如冬毛尚未脱换应暂缓埋植，否则效果不佳。

(2)幼兽埋植时间　当年淘汰幼兽应在断奶分窝 3 周以后，一般进入 7 月份埋植褪黑激素。出生晚的幼兽也可在 8～9 月份埋植，虽然提前取皮效果不明显，但埋植后有促进生长、加快育肥和促进毛绒成熟的作用，对提高毛皮质量有益。

(3)生产银蓝杂交狐时给银黑狐种公狐的埋植时间　为了延长银黑狐公狐睾丸萎缩时间，达到和北极狐母狐同期繁殖生产银蓝杂交狐的目的，应在 12 月下旬至翌年 1 月上旬给银黑狐公狐埋植褪黑激素。

3. 埋植部位 均在皮兽颈背部略靠近耳根部的皮下处。埋植时先用一只手捏起皮兽颈背部皮肤，另一只手将装好药粒的埋植针头斜向下方刺透皮肤，再将针头稍抬起平刺到皮下深部，将药粒推置于颈背部的皮肤下和肌肉外的结缔组织中。注意勿将药粒植入到肌肉中，否则会因加快药物释放速度而影响使用效果。

4. 埋植剂量 水貂不分老、幼兽均埋植 1 粒，狐、貉均埋植 2 粒，没必要增加埋植剂量。但要注意防止埋植中药粒丢脱。

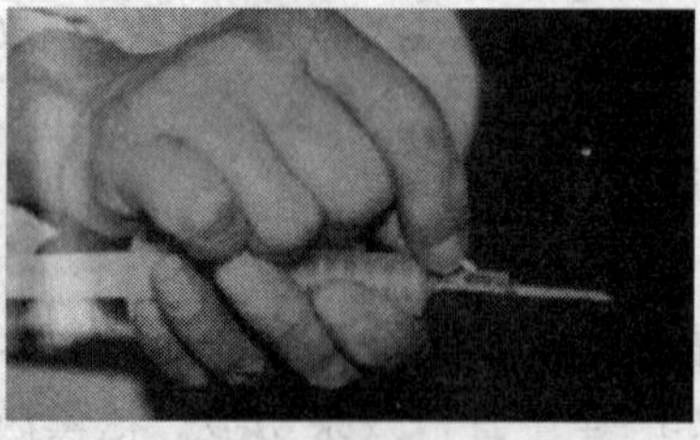

图 7-13 褪黑激素专用埋植器

5. 埋植时的药械消毒 褪黑激素埋植使用专用的埋植注射器(图 7-13)。

要严格注意埋植药械和埋植部位的消毒，要用消毒酒精充分浸湿药粒和埋植器针头，埋植部位毛绒和皮肤也要用酒精棉擦拭消毒，以防感染发生。

(三)埋植后皮兽的饲养管理

1. 埋植后的饲养 采用冬毛生长期饲养标准。埋植褪黑激素后已转入冬毛生长期生理变化，故应采用冬毛生长期饲养标准饲养。

适时增加和保证饲料量。埋植褪黑激素 2 周以后，食欲旺盛，采食量急剧增加，要适时增加和保证饲料供给量，以吃饱而少有剩食为度。

2. 埋植后的管理 低照度环境饲养。宜养在棚舍内光照较低的地方，防止阳光直射，可提高毛皮质量；察看换毛和毛被生长状况，遇有局部脱毛不净或毛绒黏结时，要及时活体梳毛。加强笼舍卫生管理，根治螨、癣类皮肤病。

（四）埋植褪黑激素皮兽及时取皮

1. 埋植褪黑激素皮兽的取皮时间　从埋植日计算，90～120天内为适宜取皮期，正常饲养管理条件下皮兽的毛皮在此时间内均应正常成熟。

2. 埋植褪黑激素120天后强制取皮　褪黑激素埋植一般在皮兽体内缓释3～4个月的时间，如埋植褪黑激素120天后皮兽的毛皮仍达不到成熟程度，也要强制取皮。一般不要再继续等待，否则会出现毛绒脱换的不良后果。

思考题

1. 毛皮动物繁殖周期、换毛周期与日照周期有什么关系？
2. 准备配种期饲养管理要点有哪些？
3. 为什么说妊娠期是全年饲养的最关键期？
4. 产仔保活的要素是什么？怎样做好此项工作？
5. 幼兽育成前期和后期饲养上有什么区别？

第八章　毛皮动物常用饲料及利用规则

一、常用饲料

毛皮动物常用饲料主要是动物性饲料，配合使用植物性饲料和添加剂饲料，其分类见表 8-1。

表 8-1　饲料的分类及其包括的种类

<table>
<tr><th colspan="2">分　类</th><th>包括的饲料种类</th></tr>
<tr><td rowspan="5">动物性饲料</td><td>鱼类饲料</td><td>各种海鱼和淡水鱼</td></tr>
<tr><td>肉类饲料</td><td>各种家畜、家禽和其他来源动物肉</td></tr>
<tr><td>鱼、肉副产品饲料</td><td>水产加工副产品（鱼头、鱼骨架、内脏及下脚料等）；畜、禽、兔副产品（内脏、头、蹄、骨、架、血等）；软体动物和虾类</td></tr>
<tr><td>干动物饲料</td><td>肉粉、肉骨粉、羽毛粉、肝渣、血粉、干鱼、鱼粉、蚕蛹粉、干蚕蛹、干蛤肉等</td></tr>
<tr><td>奶类及蛋类饲料</td><td>牛奶、羊奶、鸡蛋、鸭蛋、毛蛋、照蛋等</td></tr>
<tr><td rowspan="2">植物性饲料</td><td>作物子实类饲料、子实加工副产品饲料</td><td>玉米、大麦、小麦、大豆等
大豆饼、亚麻籽饼、向日葵饼、麦麸、米糠等</td></tr>
<tr><td>果蔬类饲料</td><td>次等水果、各种蔬菜和野菜等</td></tr>
<tr><td rowspan="3">添加剂饲料</td><td>维生素饲料</td><td>麦芽、鱼肝油、棉籽油、维生素 E、维生素 B_1、维生素 B_2、维生素 C 等多种维生素制剂</td></tr>
<tr><td>无机盐饲料</td><td>骨粉、石灰石粉、白垩粉、食盐及微量元素混合剂等</td></tr>
<tr><td>生物制剂</td><td>益生素、消化酶等</td></tr>
<tr><td colspan="2">全价干配合饲料</td><td>全价配合料、浓缩料、预混料等</td></tr>
</table>

二、常用饲料利用规则

(一)动物性饲料

动物性饲料是毛皮动物日粮中的主料,利用时要遵循如下规则。

1. 动物性饲料品质　一定要新鲜,腐烂变质和脂肪酸败氧化的动物性饲料不能用来饲喂毛皮动物。

2. 来源　如来源可靠经兽医部门检疫合格的优质动物性饲料生喂为好,适口性强、消化率高,熟喂会降低其营养价值和消化率。

3. 轻度失鲜的动物性饲料　这类饲料经蒸煮消毒等无害化处理后可在非繁殖期使用,但在繁殖期禁止使用。

4. 废弃的动物性饲料　要采取焚烧或深埋等无害化处理,不得给环境造成污染。

5. 各种动物性饲料的利用规则

(1) 肉及肉类副产品饲料　肉及肉类部分副产品(心、肝、脾、肾、血)是优质的全价蛋白质饲料,多在繁殖期少量利用,来源可靠、品质新鲜者宜生喂,否则应熟喂。

(2)鱼类及鱼类副产品　海产鱼类宜多种类搭配利用,有利于提高蛋白质的生物学价值,品质新鲜者宜生喂,否则应熟喂。海产鱼类中有毒鱼类(如河豚、马面豚等)、含有组胺的鱼类(属青皮红肉类,如鲐鱼、鲅鱼等)不能利用;含脂肪高的鱼类(如带鱼、青鱼等)不宜单独利用;体表黏液较多的鱼类(如白鱼等)应将黏液洗净后利用,否则会导致呕吐现象;内脏过大的鱼类(如安康鱼等)应摘除内脏后利用,否则适口性不强。海杂鱼是较廉价的动物性蛋白质饲料,在动物性饲料中的比例一般可占30%～50%。淡水鱼类也可以利用,但必须熟喂。

鱼类副产品以鱼头、鱼排(鱼骨架)利用较多,品质新鲜的宜生喂,反之应熟喂。因鱼排、鱼头含骨质较多,蛋白质含量比全鱼低,因此日粮中动物性饲料不能全部使用鱼副产品,适宜比例应占动物性饲料的30%左右。

(3)禽类及禽类副产品饲料　禽及禽类副产品质量新鲜,经检疫无病源疾患的宜生喂,但一般情况下均应熟喂,以严防疫病发生。禽副产品中肝脏营养价值较高,一般在繁殖期中作为精补饲料利用;鸡背、鸭背、鸡脖类骨质较高,可占日粮中动物性饲料比例的30%～50%;鸡皮、鸡尾含脂肪很高,一般只在冬毛生长期肥育时利用。

(4)奶类、酵母　奶类、酵母均是全价蛋白质精补饲料,奶类在繁殖期,酵母可常年作为精补饲料利用。奶类饲料必须煮沸消毒后利用,熟酵母可直接利用,生(鲜)酵母必须熟制灭活酵母菌后利用。

(5)蛋类　鸡蛋、鸭蛋是优质的全价动物性饲料,一般在繁殖期内作精补饲料利用,毛蛋、照蛋可在非繁殖期利用,但应确保品质新鲜。所有蛋类必须煮熟以后利用。

(二)植物性饲料

1. 植物性饲料的品质　必须新鲜、不霉变、无杂质、无有害物质(如农药等)污染。

2. 合理搭配　植物性饲料是日粮中的辅料,必须依照不同生产时期的日粮标准与动物性饲料合理搭配利用,可提高适口性和营养价值。

3. 各种植物性饲料的利用规则

(1)作物子实类　作物子实类常用的是玉米、小麦等,以磨成细粉熟制后利用,利用比例可占谷物饲料的50%～100%。熟制方法以膨化最好,蒸、煮亦可。

(2)豆科子实及其饼粕类　加工、利用方法同作物子实类，但利用比例最多占谷物类饲料的30%，喂得过多，会引起腹泻和消化不良。

黄豆含蛋白质、脂肪较高，可制成豆汁利用。

(3)糠、麸类粗饲料　糠、麸类更应粉碎成细粉，在谷物饲料中拌匀利用。利用率较低，一般不超过谷物性饲料的10%。

(4)果蔬类青绿饲料　果蔬类饲料以叶菜类和块根、块茎类利用较多，叶菜和水果类生喂为宜，块根、块茎生、熟喂均可。

果蔬类利用量比较低，一般仅占毛皮动物日粮的5%～10%。

(三)添加剂饲料

添加剂饲料用量很少，但营养作用很大，需采购质量可靠、含量准确并在保质期内的合格产品；添加剂饲料一般不耐光、热，应妥善保管和严格按使用要求加工利用；添加剂饲料利用时，一定要称量准确，临喂前添加在混合饲料中，并要搅拌均匀；注意添加剂饲料的理化特性及与其他饲料的拮抗关系，避免因拮抗饲料的存在而使添加剂饲料失去作用；添加剂饲料中的益生素属活菌生态制剂，利用时要注意饲料温度不超过40℃，以防活菌被灭活。

(四)干配合饲料

1. 干配合饲料所应具备的条件　根据动物不同生理特点及不同生产时期营养需要制订的科学配方作为依据，将多种饲料原料优化组合，符合科学的配方标准；通过专业设备和工艺加工，达到充分混匀的商品饲料(图8-1)，通过使用证明，可充分满足动物营养需要、降低饲养成本、发挥动物生产效能，达到优质、高效的要求。

2. 利用干配合饲料的优越性　充分有效利用各种饲料资源；充分保证饲料产量和质量；提高劳动生产效率，降低饲养成本；发挥动物生产效能，尤其是提高毛皮动物干物质采食量，促进生

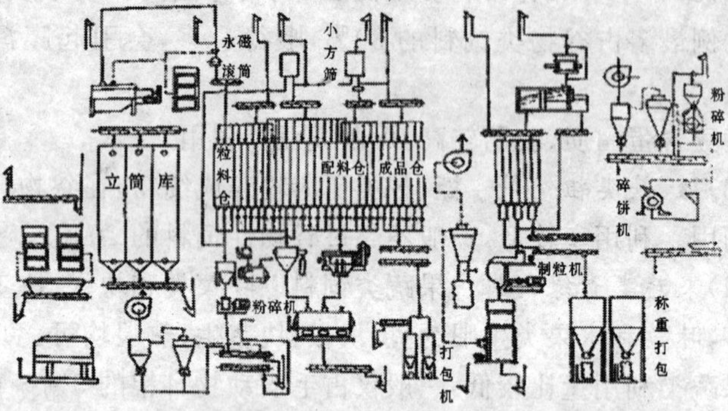

图 8-1　配合饲料工艺流程

长、提高毛皮质量；有利于卫生防疫，减少疾病发生。

3. 配合饲料的种类

（1）全价配合料　含有蛋白质、能量、无机盐、维生素等动物所需要的全部营养成分，可直接饲喂动物。

（2）浓缩蛋白质饲料　又称蛋白补充料，以蛋白质饲料为主，配合部分添加剂预混料，能量饲料由使用者按适宜比例自行添加。可大幅度降低贮存、运输的成本。

（3）添加剂预混料　单一或复合的微量、超微量营养物质（如维生素、微量元素等）加入稀释剂和载体，经机械充分混匀的混合物即为添加剂预混料（图 8-2）。用量很小，但营养价值很高。

（4）代乳料　又称人工乳，主要用于哺乳期促进母兽泌乳，仔兽开食后促进生长发育，也可用于幼兽断奶初期。

（5）根据饲养对象划分　不同种类动物有不同成分的干配合料；同种动物不同生产时期亦有不同配方的配合料。

4. 毛皮动物利用干配合饲料的原则

（1）宜干、鲜饲料混合搭配　这是毛皮动物肠道较短，食物通

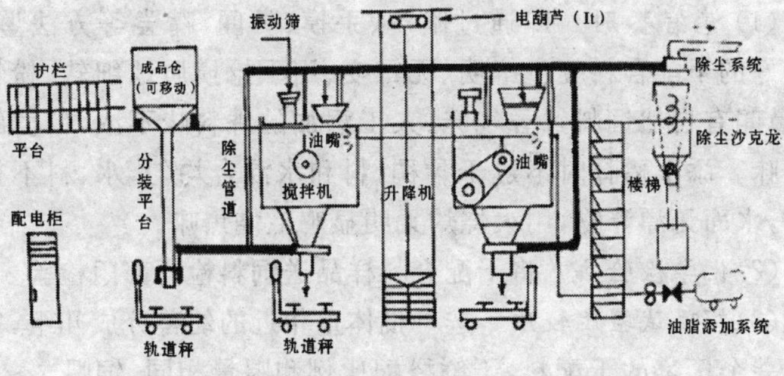

图 8-2　添加剂预混料生产工艺

过消化道时间较快的原因。干、鲜饲料混合搭配有利于提高适口性和干饲料的消化利用率。

(2)干(浸水后)、鲜饲料搭配比例　应视不同生产时期而定。一般繁殖期 3～5：7～5,非繁殖期 5～7：5～3。

(3)干配合饲料使用时需加水充分浸泡　浸泡时间夏季 0.5 小时、冬季 1 小时左右,不宜时间过长。干配合料加水的比例为 2～3 倍量,不宜加水过多使混合饲料过稀。此外,还必须使用正规可靠生产厂家的合格产品。

5. 干鲜饲料混合搭配饲料单的计算

第一,先确定不同生产时期日粮喂量,如幼狐育成期 1 000 克/只·日。

第二,确定干配合料浸水后占日粮的百分比,如 70%。

第三,计算浸水后干配合饲料的数量,1 000 克×70%=700 克。

第四,最后确定干配合饲料原料的净用量,假如干配合料加水量为 2 倍,则:

干配合料净用量=700 克×1/3=231 克

6. 干配合饲料品质鉴别

(1) 感官鉴别　即通过眼观、手摸、鼻闻、嘴尝等方法鉴别。质量好的干配合料颜色鲜明、无霉变、用手捻摸质地细软、粉粒均匀，鼻闻有自然饲料鲜香气味、人工添加的香料味不浓，口尝细腻无异味。添水稀释时不过于黏稠，料和水混合均匀，水、料不很快分层，水面无漂浮物，用火烧灼无明显鸡毛烧焦味。

(2)化学检验法　将干配合料样品送饲料检测部门检验。

(3)饲喂试验比较法　选一批体重相近的幼兽分成几组，每组各喂一个厂家的干配料，干鲜搭配比例和喂量相同，饲喂 2～3 周再次称量各组幼兽体重，比较各组幼兽日增重。

日增重=(饲喂后体重－饲喂前体重)/饲喂天数

日增重多且成本较低的试验组，所喂的干配合料即为优选料。

7. 干配合饲料保管　干配合饲料要妥善保管，防霉、防潮、防虫、防鼠害。

此外，不同生产时期的干配合饲料不宜串用代用，利用干配合饲料时，必须满足动物充分饮水需要。

三、日粮拟定规则

日粮是每只动物 1 天的饲料构成，各种饲料原料通过合理搭配，共同组成日粮。科学地拟定日粮是标准化饲养的具体表现。毛皮动物日粮拟定必须遵循以下规则。

(一) 日粮拟定原则

首先要重视毛皮动物属于食肉性动物的重要生理特点，日粮拟定必须以动物性蛋白质饲料为主，并保证日粮全价性；要注意毛皮动物全年不同生产时期营养需要的差别，在保证其维持需要的前提下，更要满足其生产的营养需要；充分利用当地饲料资源，力争多品种混合搭配，以提高适口性及混合饲料的营养价值。同时，应科学合理地降低饲养成本；拟定日粮时，要注意各种饲料理化性质，避免营养物质之间的互相拮抗或破坏作用；拟定新生产时期日粮时，还需考虑前期日粮营养水平、动物种群体况、健康状况、性别组成等情况；新日粮拟定后要注意观察饲喂效果，遇有问题时及时加以修正。

(二)日粮拟定方法

1. 热量配比拟定方法 热量配比法拟定日粮，是以动物所需代谢能或总能为依据，搭配的饲料以发热量为计算单位，混合饲料所组成的日粮其能量和能量构成达到规定的饲养标准；对没有热量价值的饲料或热量价值很低的饲料（如添加剂和维生素饲料、微量元素、无机盐类饲料、水等）可忽略不计算其热量，以千克体重或日粮所需计算。

为满足毛皮动物对可消化蛋白质的需要，要核算蛋白质的数量，经调整使蛋白质含量满足要求。必要时也应计算脂肪和碳水化合物的含量，使之与蛋白质形成适宜的蛋能比。为了掌握蛋白质的全价性，对限制性氨基酸的含量也应计算调整。具体计算时，可先算出1份代谢能即418.68千焦（100千卡）中各种饲料的相应重量，再按照总代谢能（或总能）的份数求出每只毛皮动物每日的各种饲料供给量，并核算可消化营养物质是否符合毛皮动物该生产时期的营养需要；最后算出全群动物对各种饲料的需要量及其早、晚饲喂分配量，提出加工调制要求，供饲料室遵照执行。

2. 重量配比拟定方法 根据毛皮动物所处饲养时期和营养需要，先确定1只动物1天内需提供的混合饲料总量。

结合本场饲料确定各种饲料所占重量百分比及其具体数量；核算可消化蛋白质的含量，必要时亦核算脂肪和碳水化合物的含量及热能，使日粮满足营养需要的要求。最后提出全群动物的各种饲料需要量及早、晚饲喂分配量，提出加工调制要求。

四、营养需要及日粮配合经验标准

国内对毛皮动物营养需要的研究尚不透彻,我国地域很广,各地地理、气候、饲料资源、管理方式各异,也很难作出一个适用于全国范围应用的准确标准。本书仅根据国内饲养毛皮动物先进场家的经验和相关资料,归纳成下述经验标准,以便于借鉴采用。

(一)国内狐经验饲养标准

1. 国内狐经验饲养标准 见表8-2,表8-3。

表8-2 狐经验饲养标准 (热能比,%)

饲养时期	代谢能(千焦)	热能比(%)				
		肉副产品、鱼类	蛋、奶	谷物类	果蔬类	其他
银黑狐						
6~8月	2.1~2.3	40~50	5	30~40	3	2
9~10月	2.3~2.4	45~60	5	45~30	3	2
11~1月	2.4~2.5	50~60	5	40~30	3	2
配种期	2.1	60~65	5~7	25	3~4	3~4
妊娠前期	2.3~2.5	50	10	34	3	3
妊娠后期	2.9~3.1	50	10	34	3	3
哺乳期	2.1*	45	15	34	3	3
北极狐						
6~9月	2.5	55	—	30~40	5	—
10~12月	2.9	60	—	30	8	2
1~2月	2.9	65	5	21	5	4
配种期	2.5	70	5	18	5	2
妊娠前期	2.9~3.1	65	5	23	5	2
妊娠后期	3.4~3.6	65	10	20	3	2
哺乳期	2.7*	55	13	25	5	2

* 母狐基础标准根据胎产仔数和仔狐日龄逐渐增加

表 8-3　狐的经验饲养标准　(重量比,%)

饲养时期	代谢能(千焦)	日粮量(克)	粗蛋白质(克)	鱼、肉副产品	蛋、奶	谷　物	蔬　菜	水
准备配种	2.2～2.3	540～550	60～63	50～52	5～6	18～20	5～8	13～15
配种期	2.1～2.2	500	60～65	57～60	6～8	17～18	5～6	10～12
妊娠期	2.2～2.3	530	65～70	52～55	8～10	15～17	5～6	10～12
产仔泌乳	2.7～2.9	620～800	73～75	53～55	8～10	18～12	5～6	12～14
添 加 饲 料(克 / 只・日)								
酵　母	食　盐	骨　粉	添加剂	维生素 B_1(毫克)	维生素 C(毫克)	维生素 E(毫克)	鱼肝油(单位)	脑(克)
7	1.5	5	1.5	2	20	20	1500	5
6	1.5	5	1.5	3	25	25	1800	—
8	1.5	8～12	1.5	5	35	25	2000	—
8	2.5	5	2	5	30	30	2000	—

以上表 8-2,表 8-3 参照朴厚坤．实用养狐技术．2005

2. 芬兰北极狐饲养标准　见表 8-4。

表 8-4　芬兰狐饲料的能量构成和蛋白质水平

可吸收能量平均值	12～4 月	5～6 月	7～8 月	9～11 月
鲜配料(千卡/千克)	1200	1350	1570	1850
干物质(千卡/千克)	＜4000	＞4000	4200	4200
可吸收能量分布				
粗蛋白质(%)	40～50	38～45	30～40	25～35
粗脂肪(%)	32～40	37～45	42～50	45～55
碳水化合物(%)	15～20	15～20	18～25	16～25
各时期生产比例	10%	10%	29%	51%

资料来源于丛守文芬兰养狐技术画册

(二)国内水貂经验饲养标准

国内水貂经验饲养标准,见表 8-5,表 8-6,表 8-7。

表 8-5 水貂营养需要经验标准

水貂生物学时期	代谢能(千焦)	各营养物质的含量(克)		
		蛋白质	脂 肪	碳水化合物
准备配种期和配种期	800～1200	22～28	4～8	12～16
妊娠、产仔、哺乳期	900～1300	26～32	8～12	14～18
幼水貂育成期	1000～1400	24～30	6～10	12～16
冬毛生长期	1400～2000	26～32	10～14	16～20

表 8-6 水貂日粮配合经验标准

饲 料	准备配种期和配种期		妊娠期和产仔哺乳期		育成期		换毛期	
	热能比(%)	重量比(%)	热能比(%)	重量比(%)	热能比(%)	重量比(%)	热能比(%)	重量比(%)
鱼 类	55～60	50～55	35～40	35～40	30～35	35～40	30～35	30～35
肉及肉类副产品	15～20	15～20	25～30	25～30	25～30	25～30	25～30	25～30
膨化谷物	15～20	6～8	30～35	10～12	35～40	10～15	35～40	10～15
蔬 菜	1～2	3～5	1～2	3～5	1～2	3～5	1～2	3～5
水	—	15～20	—	15～20	—	15～20	—	15～20
添加剂饲料								
大葱(克)	2		—		—		—	
酵母(克)	4		4		3		3	
羽毛粉(克)	1		1		1		1	
食盐(克)	0.5		0.5		0.5		0.5	
氯化钴(毫克)	1		1		—		—	

续表 8-6

饲　料	准备配种期和配种期		妊娠期和产仔哺乳期		育成期		换毛期	
	热能比(%)	重量比(%)	热能比(%)	重量比(%)	热能比(%)	重量比(%)	热能比(%)	重量比(%)
鱼肝油*(国际单位)	1500	1500	1500	1500	1500	1500	1500	1500
维生素 E 油(毫克)*	10	10	10	10	10	10	10	10
维生素 B_1(毫克)**	10	10	10	10	10	10	10	10
维生素 C(毫克)**	25	25	15	25	12.5	12.5	12.5	12.5
复合维生素 B(毫克)	—	—	5	5	2.5	2.5	—	—
水貂用添加剂	—	—	0.5	0.5	—	—	—	—

注：*每周一、三、五饲喂；**每周二、四、六晚逐只饲喂

表 8-7　混合饲料平均饲喂量　(单位:克/日·只)

月　份	1	2	3	4	5	6	7	8	9	10	11～12
喂　量	300	275	250	325	500	265	445	475	480	500	510

水貂各生物学时期饲料干物质中营养标准见表 8-8。

表 8-8　水貂各生物学时期饲料干物质中营养水平推荐值　(%·千焦/千克)

养　分	时　期			
	生长前期	冬毛期	繁殖期	泌乳期
代谢能	16700	16300	16300	16700
粗蛋白质	38	34	38	42
粗脂肪	19	20	14	22
赖氨酸	2.0	1.7	1.98	2.18
蛋氨酸	1.0	1.1	1.22	1.34
钙	0.6～1.0	0.6～1.0	0.6～1.0	0.8～1.2
磷	0.6～0.8	0.6～0.8	0.6～0.8	0.8～1.0
食　盐	0.5	0.5	0.5	0.6

(三)国内貉经验饲养标准

国内貉经验饲养标准,见表 8-9,表 8-10,表 8-11,表 8-12。

表 8-9 成年貉饲养标准 (热能比,%)

饲养时期	总热能(千焦)	鱼肉类	熟制谷物	奶 类	蔬 菜	鱼肝油
7～11 月	2717	30～50	58～53	—	10	2
12～1 月	2383	35～40	55～50	—	6	4
配种期	2006	50～55	34～29	5	3	3
妊娠前期	2508	45	37	10	5	3
妊娠后期	2926	45	37	10	5	3
哺乳期	2717	45	38	10	4	3

表 8-10 成年貉饲养标准 (重量比,%)

时期(月)	日粮(克)	鱼肉类	内脏下杂	熟制谷物	蔬 菜	其 他
9～10	487	20	—	60	20	—
11～12	375	30	—	60	10	—
1～2	375	20	12	60	5	3
3	412	20	12	60	5	3
4	487	20	12	60	5	3
5～6	487	30	12	50	5	3
7～8	474	20	12	60	5	3

表 8-11 幼龄貉日粮标准 (重量比,%)

月龄(月份)	日粮(克)	热能(千焦)	肉鱼类	熟制谷物	鱼肉副产品	蔬菜	其他
3(7)	262	1881	40	40	12	5	3
4(8)	375	2508	40	40	12	5	3
5(9)	487	2717	35	40	12	10	3
6(10)	525	2843	35	40	12	10	3

注:表 8-9,表 8-10,表 8-11 引自仇学军等.实用养貉技术.北京:金盾出版社,1997.1

表 8-12　成年貉的饲粮标准

时期		日粮量（克）	混合饲料比例(重量比,%)				其他补充饲料(克/只·日)						维生素（毫克/只·日）			
			鱼肉类	鱼肉副产品	熟制谷物	蔬　菜	酵母	麦芽	骨粉	食盐	奶类	蛋类	A	B	C	E
配种期	♂	600	25	15	55	5	15	15	8	2.5	50	25～50	1000	5	—	5
	♀	500	20	15	60	5	10	15	10	2.5	—	—	1000	5	—	5
妊娠期（4～6月）	前期	600	25	10	55	10	15	15	15	3.0	—	—	1000	5	—	5
	中期	700～800	25	10	55	10	15	15	15	3.0	—	—	1000	5	—	5
	后期	800～900	30	10	50	10	15	15	15	3.0	50	—	1000	5	5	5
产仔泌乳期（5～6月）		1000～1200	30	10	50	10	15	15	20	3	200	—	1000	—	5	—
恢复期（5～9月）		450～1000	5～10	5～10	60～70	15	—	5	5	2.5	—	—	—	—		
准备配种期（10～1月）	前期	550～700	10～15	5～10	70	10	—	—	5～10	2.5	—	—	—	—	—	—
	后期	400～500	20～25	5～10	60	10	5～8	10	5～10	2.5	—	—	500	3	—	—

注:引自中国农业科学院特产研究所资料

五、饲料加工与调制规则

(一)饲料加工的准备程序

严格检查饲料加工用品、器械的卫生和安全性能,遇有异常情况及时维修处理;严格检查各种原料的质量,剔除个别质量不合格原料,遇有多量或多种饲料质量有问题时,应及时请示主管技术人员或场领导处理,不能盲目进行加工调制;严格按饲料单所规定的数量检斤过秤准备各种原料。

(二)饲料加工程序

按前述"水貂常用饲料及利用规则"要求,分生喂、熟喂两类饲料分别加工,为调制做好准备;生喂饲料冷冻的要事先缓化,充分洗涤干净,拣出饲料中的杂质,特别是铁丝、铁钉等金属废品,以防损坏绞肉机;洗净和经挑选的生喂饲料,置容器中摊开放置备用,严禁在容器内堆积存放以防腐败变质;熟喂的饲料按规程要求进行熟制加工,不论采取哪种熟制方法(膨化、蒸、煮、炒等)必须达到熟制彻底。熟制方法以膨化效果最佳,其次是蒸、煮,炒的效果不太好;熟制后的热饲料要及时摊开散热,严禁堆积闷热存放,以防腐败变质或引起饲料发酵;冷晾后的熟喂饲料装在容器中备用,注意不能和生喂饲料混在一起存放;熟喂饲料必须在单独的加工间内存放加工,未经熟制的生料不能存放在饲料调制间内,以防污染。

(三)饲料调制程序

1. 饲料绞制程序

(1)饲料绞制时间　一般在饲喂前1小时开始,不宜过早进行。

(2)饲料绞制的顺序　一般先绞动物性饲料，然后绞谷物类植物性饲料，最后绞果蔬类植物性饲料。

(3)饲料绞碎的细度　饲料类别不同，要求绞碎的细度也不相同。动物性饲料不宜绞得太碎(绞肉机箅孔直径为10毫米左右)，而植物性饲料、添加的精补饲料(肝、蛋、精肉等)则应绞碎一些(绞肉机箅孔直径为5毫米左右)，以便于在混合饲料中混合均匀，也更有利于动物消化吸收。

(4)饲料绞制速度　绞制时以均匀速度搅料，发挥绞肉机的有效功率。

2. 饲料搅拌程序

饲料搅拌的目的是将绞碎的饲料原料充分混合搅拌均匀，使每只动物所食日粮均匀一致。①用机械和人力将绞碎的饲料搅拌均匀，添加饲料可同时加入混合饲料中搅拌，混合饲料多时也可先搅拌于少许饲料中混匀，然后再加到整个混合饲料中搅匀。中、大型养兽场提倡用机械搅匀饲料。②搅拌饲料时加入水的量也一定要按饲料单规定量称量准确，不允许随意添加。如遇混合饲料太稠或太稀时，及时请示技术人员或场领导予以调整。

3. 饲料分发程序　①混合饲料搅拌均匀之后，应尽快分发到各饲养员，尽量缩短分发时间。②饲料分发时，严格按饲料分配单规定数量，检斤过秤如数分发。不允许按饲养员要求随意增减饲料分发量。③分发饲料如有少许剩余，均摊给每个饲养员，以免造成浪费。如剩余较多，则向技术人员反映，及时予以调整。

(四)加工调制后的整理程序

饲料加工、调制的所有器具和饲料间地面均要洗刷干净；饲料加工机械及时清洗、检查，遇有异常情况及时检查维修；水源、电源、火源的安全要认真检查，严防水、电、火患发生；饲料加工人员要养成良好个人卫生习惯和人身安全观念，严防人身事故的出现。

思考题

1. 毛皮动物常用饲料有哪些种类？怎样合理利用？
2. 干配合饲料有什么功能？怎样合理利用？
3. 毛皮动物日粮拟定的原则和方法是什么？
4. 国内毛皮动物饲养标准您能掌握和运用吗？
5. 毛皮动物饲料加工有哪些程序？

第九章　毛皮动物生皮加工技术

一、取皮时间

(一)季节皮取皮时间

水貂、狐、貉正常饲养至冬毛成熟后所剥取的皮张称之为季节皮。季节皮适宜取皮时间一般在农历小雪至大雪(11 月中旬至 12 月上旬)期间。但受饲养管理和冬毛成熟情况所制约,冬毛期饲养管理良好可适时取皮,如果饲养管理欠佳,会使冬毛成熟和取皮时间延迟。

(二)埋植褪黑激素皮取皮时间

埋植褪黑激素的毛皮一般在埋植后 3～4 个月的时间内及时取皮,超过 4 个月不取皮,会出现脱毛现象(详见埋植褪黑激素操作规程)。

二、毛皮成熟的鉴定

取皮前要对皮兽个体进行毛皮成熟鉴定,成熟一只取一只,成熟一批取一批,确保取皮质量(图 9-1)。

(一)冬皮成熟的标志

1. 全身被毛灵活一致　全身被毛毛峰长度均匀一致,尤其毛皮成熟晚的后臀部针毛长度与腹侧部一致,针毛毛锋灵活分散无聚拢;颈部毛峰无凹陷(俗称塌脖);头部针毛亦竖立。

2. 被毛出现成熟的裂隙 冬皮成熟时动物转动身体时,被毛出现明显的裂隙(图 9-2)。

图 9-1 鉴定毛皮成熟

图 9-2 冬毛成熟形成裂隙

3. 皮肤颜色变白 冬皮成熟时,皮肤颜色由青变白,剥下的皮其皮板颜色变白。

(二)试剥观察

正式取皮前挑冬皮成熟的个体,先试剥几只,观察冬皮成熟情况,达到成熟标准时再正式取皮,达不到标准时,则不要盲目剥皮。

三、剥 皮

要按商品皮规格要求剥成头、尾、后肢齐全的筒状皮,切勿开成片皮。

(一)处 死

处死皮兽要求迅速便捷,不损坏和污染动物毛绒。常用的处死方法如下。

1. 药物致死法　常以横纹肌松弛药司可林(氯化琥珀胆碱)处死。按水貂 1 毫克/千克体重、狐和貉 0.5～0.75 毫克/千克体重的剂量，皮下或肌内注射。动物在 3～5 分钟内死亡，死亡过程中无痛苦和挣扎。

2. 普通电击法　将连接 220 伏交流电火线(正极)的金属棒插入皮兽肛门内，令其爪或嘴部接触于连接零线(负极)的铁网上，接通电源 3～5 秒钟，毛皮动物可立即死亡(图 9-3)。

3. 心脏注入空气法　向动物心脏内注入空气 5～10 毫升，因心脑空气栓塞梗死，动物很快死亡(图 9-4)。

图 9-3　电击处死

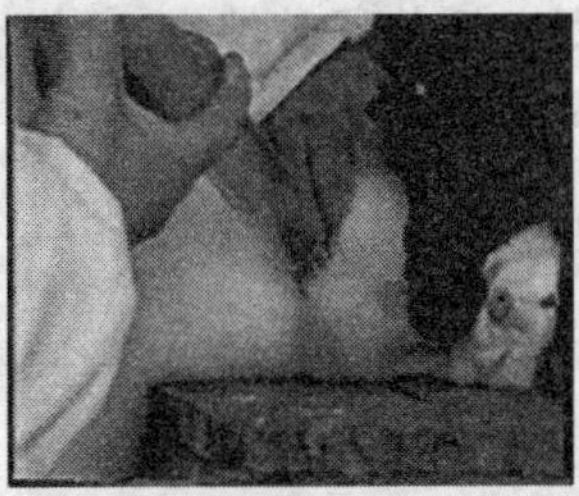

图 9-4　心脏注射空气处死

4. 一氧化碳窒息法　大型养兽场批量处死毛皮动物时，可将毛皮动物放入充满一氧化碳气体的密闭容器内，令毛皮动物窒息死亡。

按动物保护法、福利法要求，不允许采取其他折颈、棒击、杠压、绳勒等不人道的方法处死毛皮动物。

处死后的尸体要摆放在清洁干净的物体上，不要沾污泥土灰尘，尸体严禁堆放在一起，以防体温散热不畅而引起受闷脱毛。要及时按商品皮规格要求剥成头、尾、后肢齐全的筒状皮。

(二)挑　裆

用锋利尖刀从一后肢掌底处下刀，沿股内侧长短毛分界线挑开皮肤至肛门前缘约 3.3 厘米处，再继续挑向另一后肢掌底。

从尾腹部正中线 1/2 处下刀，沿正中线挑开尾皮至肛门后缘。

将肛门周围所连接的皮肤挑开，留一小块三角形毛皮在肛门上（图 9-5）。

将前爪从腕关节处剪掉，或把此处皮肤环状切开。

（三）抽 尾 骨

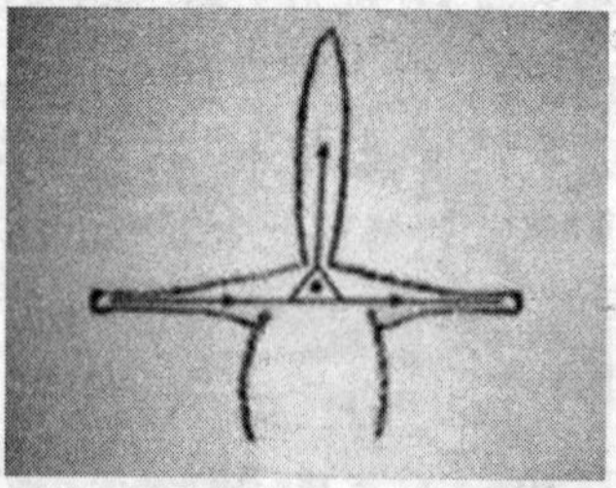

图 9-5 开裆示意图

剥离尾骨两侧皮肤至挑尾的下刀处，用一手或剪刀把固定尾皮，另一手将尾骨抽出，再将尾皮全部挑开至尾尖部。

（四）剥离后肢

用手撕剥后肢两侧皮肤至爪部，将爪留在皮板上。剪断母兽的尿生殖褶或公兽的包皮囊。

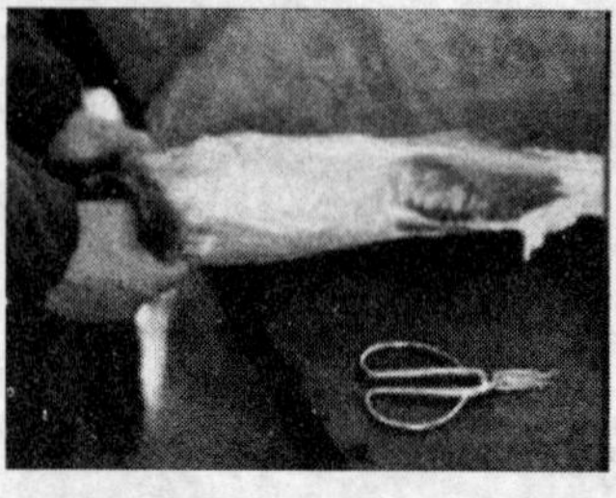

图 9-6 水貂筒状剥皮

（五）翻剥躯干部

将皮兽两后肢挂在铁钩上固定好，两手抓住后裆部毛皮，从后向前（或从上向下），筒状剥离皮板至前肢处，并使皮板与前肢分离（图 9-6，图 9-7 ）。

（六）翻剥颈、头部

继续翻剥皮板至颈、头部交界处，找到耳根处将耳割断，再继续前剥将眼睑、嘴角割断，剥至鼻端时，再将鼻骨割断，使耳、鼻、嘴角完整地留在皮板上，注意勿将耳孔、眼孔割大（图 9-8 ）。

图 9-7　翻剥狐皮

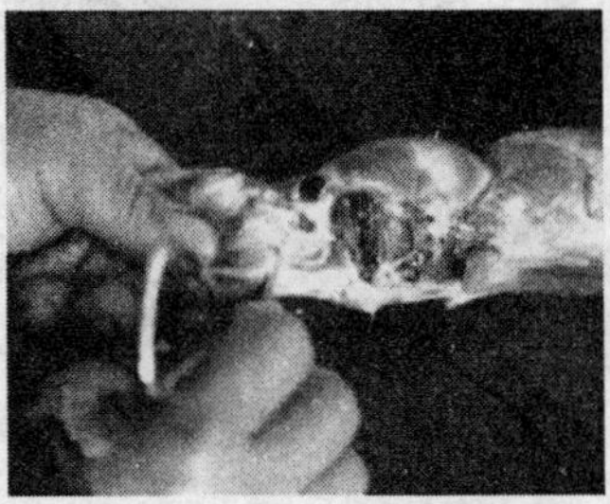

图 9-8　剥离头部

(七)准备刮油

剥下的鲜皮宜立即刮油，如来不及马上刮油，应将皮板翻到内侧存放，以防油脂干燥，造成刮油困难。

四、刮　油

刮油的目的是把皮板上的油脂、残肉清除干净，以利于皮张上楦和干燥。

(一)上 楦 棍

将鲜皮毛朝里、皮板朝外套在特制的刮油楦棍上，使皮板充分舒展铺平，勿有折叠和皱褶。

(二)刮除脂肪

用刮刀刮除皮板上脂肪，刮刀不宜太锋利，刀刃与皮板呈 45°角，均匀用力，不要刮得太狠，以免损坏毛囊或将皮板刮破。刮头部残肉时要稍用力些，将残肉刮至耳根处即可。

刮油时手和皮板上要多搓撒些锯末，以防油脂污染毛绒。颈部、后裆和尾部脂肪不易剥除，但要求务必刮净（图 9-9，图 9-10 ）。

图 9-9　水貂皮机械刮油

图 9-10　狐皮手工刮油

五、修剪和洗皮

修剪即用剪刀将头部刮至耳根的油脂和后裆部残存脂肪剪除干净，并将耳孔适当剪大，勿将皮板剪破，造成破洞。修剪后将皮板用锯末搓擦，抖净锯末后，准备上楦。

六、上　楦

（一）楦板规格

上楦的目的是使鲜皮干燥后有符合商品皮要求的规格形状。楦板的规格是有严格要求的。水貂皮、狐皮楦板规格见图 9-11，图 9-12 和表 9-1 至表 9-4。

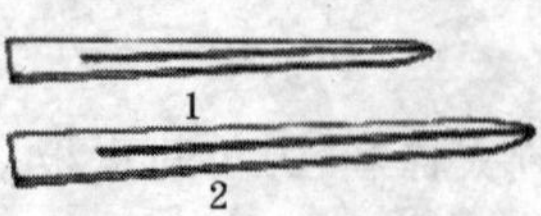

图 9-11　水貂皮楦板

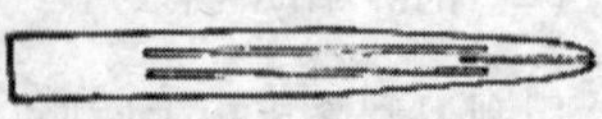

图 9-12　狐、貉皮楦板

表 9-1　水貂皮楦板开槽标准　(单位:厘米)

楦　板	开槽部位	开槽要求
公水貂楦板全长 110 厘米,板厚 1.1 厘米	正、反面,尖端至 10 厘米之间,于中间部位	开浅槽,宽 2 厘米,深 0.2 厘米,并与中心透槽两侧的浅槽相通
	正面,距尖端 117 厘米,于中间开始	开透槽,槽长 70 厘米,宽 0.6 厘米
	两侧面,距尖端 13 厘米处开始	开透槽,槽长 15 厘米,宽 0.2 厘米
	正、反面,距尖端 11 厘米处开始,于中心透槽两侧	开浅槽各 1 条,槽长 80 厘米,宽 2 厘米
	沿楦板周边(不含末端)	开浅槽,槽宽 0.3 厘米,深 0.3 厘米
母水貂	正、反两面、尖端至 10 厘米之间,于中间部位	开浅槽,宽 1.5 厘米,深 0.2 厘米,并与中心透槽两侧的浅槽相通
	正面、距尖端 11 厘米处开始	开透槽,槽长 55 厘米,宽 0.6 厘米
	两侧面距尖端 11 厘米处开始	开透槽,槽长 15 厘米,宽 0.2 厘米
	正、反面、距尖端 11 厘米处开始,于中心透槽两侧	开浅槽各 1 条,槽长 70 厘米,宽 1.5 厘米
	沿楦板周边(不含末端)	开浅槽,槽宽 0.3 厘米,深 0.3 厘米

注:不按统一楦板上楦,酌情定级

表 9-2　狐皮楦板规格　（单位:厘米）

距楦板顶端长度	楦板宽度
0	3
5	6.4
20	11
40	12.4
60	13.9
90	13.9
105	14.4
124	14.5
150	14.5

表 9-3　芬兰纯繁狐和改良狐皮楦板规格　（单位:厘米）

<table>
<tr><th>距楦板顶端长度</th><th>楦板宽度</th><th>楦板厚度</th></tr>
<tr><td>0</td><td>3</td><td rowspan="3">2</td></tr>
<tr><td>15</td><td>12</td></tr>
<tr><td>180</td><td>16.5</td></tr>
</table>

表 9-4　貉皮楦板规格　（单位:厘米）

<table>
<tr><th>距顶端距离</th><th>相对宽度</th><th>开槽要求</th><th>厚度</th></tr>
<tr><td>0.0</td><td>3.4</td><td>中间开宽 1,向下延伸达 34 长的透槽</td><td rowspan="7">2</td></tr>
<tr><td>7.4</td><td>8.1</td><td></td></tr>
<tr><td>19.4</td><td>12</td><td></td></tr>
<tr><td>28</td><td>15</td><td>开两条宽 1,长 87,相互平行的透槽,槽间距 5.5</td></tr>
<tr><td>50</td><td>17</td><td></td></tr>
<tr><td>76</td><td>18</td><td>两槽与板缘距为 5.5</td></tr>
<tr><td>180</td><td>18.5</td><td></td></tr>
</table>

(二)上楦要求

头部要上正,左右要对称,后裆部背、腹部皮缘要基本平齐,皮长不要过分拉抻,尾皮要平展并缩短。应尽量毛朝外上楦,不宜皮板朝外上楦。否则,会影响毛绒的灵活和美观。

七、干　燥

干燥的目的是去除鲜皮内的水分,使其干燥成型并利于保管贮存。

(一)毛朝外吹风干燥

提倡毛朝外上楦吹风干燥 吹风干燥机与鼓风机组合配套,排风箱外面安装若干排风管,管长 8～10 厘米,内径 0.7～0.9 厘米(金属管壁厚 1 毫米)。每管排风量 0.022～0.028 立方米/分。管间横向距离 13 厘米,纵向距离 6 厘米。室温 15℃～22℃,空气相对湿度 55%～65%。干燥方法是将楦皮嘴部嵌入排风管,楦皮间平行排列,鲜皮吹风至 24～30 小时时下楦,更换楦板继续吹风,干燥时间为 48～60 小时(图 9-13)。

图 9-13　水貂皮毛朝外上楦、吹风干燥

(二)毛朝外烘干干燥

也可用热源加温烘干干燥,但干燥温度应保持在 25℃～28℃,不宜高温烘干,以防皮板受闷掉毛。

无论哪种干燥形式,待皮张基本干燥成型后,均应及时下楦。

八、风　晾

风晾是指下楦后的皮张放在常温室内晾至全干的过程，全干是指皮张的爪、唇、耳部均全部干透。风晾前，先用转笼、转鼓机械洗皮除去油污和灰尘（图 9-14，图 9-15），再把毛皮成把或成捆的悬在风干架上自然干燥（图 9-16，图 9-17）。

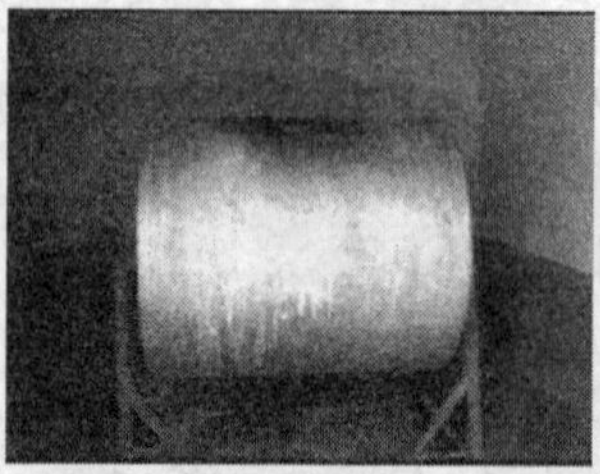

图 9-14　转鼓洗皮

图 9-15　转笼洗皮

图 9-16　水貂皮风晾

图 9-17　狐皮风晾

九、整理贮存

(一)清洗毛绒

干透的毛皮还要用毛巾擦拭毛面，去除污渍和尘土，遇有毛绒缠结情况要小心把缠结部位梳开。

(二)初验分类

按毛皮收购等级、尺码要求初验分类，把相同类别的皮张分在一起(图 9-18，图 9-19)。

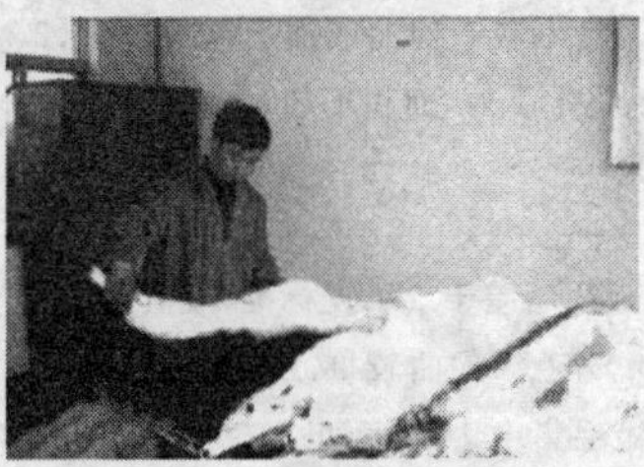

图 9-18　检验狐皮等级

图 9-19　测量貂皮尺码

(三)包装贮存

初验分类后，将相同类别的皮张背对背、腹对腹的捆在一起，放入纸、木箱内暂存保管，每捆或每箱上加注标签，标注等级、性别、数量。

初加工的皮张原则上尽早销售处理，确需暂存贮藏时，要严防虫灾、火灾、水灾、鼠灾和盗窃发生。

十、皮张收购标准

(一)水貂皮收购标准

水貂皮品质等级标准见表 9-5 和图 9-20。

表 9-5　水貂皮品质等级标准

级　别	品质要求
一　级	正季节皮,皮型完整,毛绒平齐、灵活,毛色纯正、光亮,背腹基本一致,针绒毛长度比例适中,针毛覆盖绒毛良好,板质良好,无伤残
二　级	正季节皮,皮型完整,毛绒品质和板质略差于一级皮标准,或有一级皮质量,可带下列伤残、缺陷之一者:1. 针毛轻微勾曲或加工撑拉过大;2. 自咬伤、擦伤、小瘢痕、破洞或白撮毛集中 1 处,面积不超过 2 平方厘米;3. 皮身有破口,总长度不超过 2 厘米
三　级	正季节皮,皮型完整,毛绒品质和板质略差于二级皮标准;或具有二级皮质量,可带下列伤残、缺陷之一者:1. 毛锋勾曲较重或严重抻拉过大;2. 自咬伤、擦伤、小瘢痕、破洞或白撮毛集中 1 处,面积不超过 3 平方厘米;3. 皮身有破口,总长度不超过 3 厘米
等　外	不符合一、二、三级品质要求的皮(如受闷脱毛、流针飞绒、焦板皮、开片皮等)

注:彩色貂皮(含黑十字水貂皮)适用此品质要求

水貂皮尺码标准,见表 9-6,图 9-21。

表 9-6　水貂皮尺码规格　(单位:厘米)

尺码号	长　度	比差(%)	
		公　皮	母　皮
000	>89	150	—
00	83～89	140	—

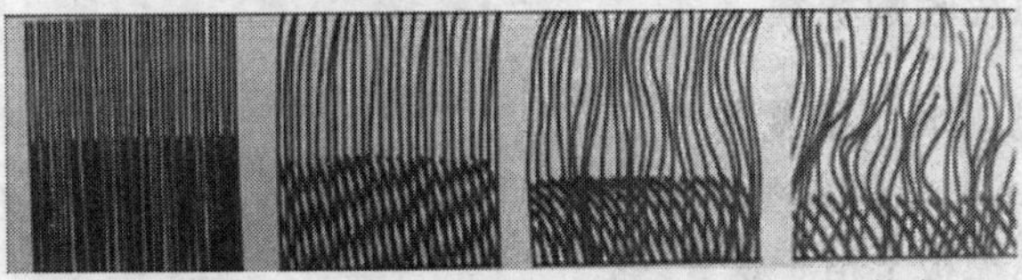

图 9-20　水貂皮毛绒品质等级区分标志

续表 9-6

尺码号	长　度	比差(%)	
		公　皮	母　皮
0	77～83	130	150
1	71～77	120	140
2	65～71	110	130
3	59～65	100	120
4	53～59	90	110
5	<53	—	100

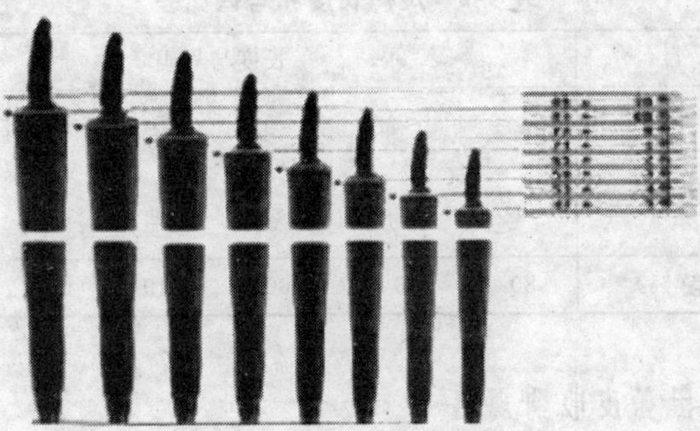

图 9-21　水貂皮尺码标准

(二)狐皮收购标准

1. 北极狐皮收购规格

(1)加工要求　皮型完整。头、耳、须、尾、腿齐全,毛朝外,圆筒皮按标准撑板上楦干燥。

(2)等级规格

一等皮:毛色灰蓝光润,毛绒细软稠密,毛锋齐全,皮张完整,板质优良,无伤残,皮张面积在 2 111 平方厘米以上。

二等皮:符合一级皮质,有刀伤破洞 2 处,长度不超过 10 厘米,面积不超过 4.44 平方厘米,皮张面积在 1 889 平方厘米以上。

三等皮:毛皮灰褐色,绒短毛稀,有刀伤破洞 3 处,长度不超过 15 厘米,面积不超过 6.67 平方厘米,皮张面积在 1 500 平方厘米以上。

等级比差:一级 100%;二级 80%;三级 60%;等外 40%以下以质论价。

(3)尺码长度和号码比差　见表 9-7。

表 9-7　尺码长度和号码比差

项　　目	长度与号码					
尺码长度(厘米)(鼻尖至尾根)	0～79 ↑ 3号	0～88 ↑ 2号	0～97 ↑ 1号	0～106 ↑ 0号	0～115 ↑ 00号	0～124 ↑ 000号
尺码比差(%)	80	90	100	110	120	130

2. 银黑狐皮收购规格

(1)加工要术　与北极狐皮相同。

(2)等级规格

一等皮:毛色深黑,银针毛颈部至臀部分布均匀,色泽光润,底绒丰足,毛锋整齐,皮张完整,板质良好,毛板不带任何伤残,皮张面积 2 111.11 平方厘米以上。

二等皮：毛色较黯黑或略褐，针毛分布均匀，带有光泽，绒较短，毛银略稀，或有轻微塌脖或臀部毛银有擦落。皮张完整，刀伤或破洞不得超过 2 处，总长度不得超过 10 厘米，面积不超过 4.44 平方厘米。

三等皮：毛色暗褐欠光泽，银针分布不甚均匀，绒短略薄，毛银粗短，中脊部略带粗针，板质薄弱，皮张完整，刀伤或破洞不超过 3 处，总长度不得超过 15 厘米，面积不超过 6.67 平方厘米。

等级比差：同北极狐皮。

(3)*尺码长度和尺码比差*　与北极狐皮相同。

3. 彩色狐皮　彩色狐皮等级标准、尺码规格参见银黑狐皮和北极狐皮相应规格。彩色狐皮要求毛皮颜色要符合类型要求，毛色不正的杂花皮按等外皮论价。

(三)貉皮质量等级标准

1. 加工要求　加工貉皮要求按季节屠宰，剥皮适当，皮型完整，头、腿、尾齐全，去除油脂，以统一规定的楦板上楦，板朝里，毛朝外，圆筒形晾干。

2. 等级规格　野生貉皮见表 9-8，家养貉皮见表 9-9。

表 9-8　野生貉皮质量等级标准

等级	品质要求	面积规定(平方厘米)		等级比差(%)
		北貉皮	南貉皮	
一级	正季节皮，毛绒齐全，色泽光润，板质良好，可带破洞 2 处，总面积不超过 11 平方厘米	1776	1443	100
二级	正季节皮，毛绒略空疏或略短薄，可带一级皮伤残或具有一级皮毛质、板质，可带破洞 3 处，总面积不超过 17 平方厘米	1443	1221	80

续表 9-8

等级	品质要求	面积规定(平方厘米)		等级比差(%)
		北貉皮	南貉皮	
三级	毛绒空疏或短薄,可带一级皮伤残或具有一、二级皮毛质、板质,破洞总面积不超过56平方厘米	1221	999	60
次级	不符合一、二、三级品质要求的皮			40 以下

表 9-9 人工饲养貉皮质量等级标准

等 级	品质要求	等级比差(%)
一 级	正季节皮,皮型完整,毛绒丰厚,针毛齐全,绒毛清晰,色泽光润,板质良好,无伤残	100
二 级	正季节皮,皮型完整,毛绒略空疏,针毛齐全,绒毛清晰,板质良好,无伤残,或具有一级皮质量,带有下列伤残之一者:1. 下颌和腹部毛绒空疏,两肋或后臀部略显擦伤、擦针;2. 自咬伤,瘢痕和破洞,面积不超过 13 平方厘米;3. 破口长度不超过 7.6 厘米;4. 轻微流针飞绒;5. 撑拉过大	80
三 级	皮型完整,毛绒空疏或短薄,或具有一、二级皮质量,带有下列伤残之一者:1. 刀伤,破洞总面积不超过 26 平方厘米;2. 破口长度不超过 15.2 厘米;3. 两肋或臀部毛绒擦伤较重;4. 腹部无毛或较重塌脖。	60
次 级	不符合一、二、三级品质要求的皮(如焦板皮、受闷脱毛、开片皮等)	40 以下

3. 尺码规定 貉皮长为从鼻尖至尾根的长度。其具体长度见表 9-10。

表 9-10　貉皮尺码标准　（单位:厘米）

尺码号	长　度
000	＞115
00	106～115
0	97～106
1	88～97
2	79～87
3	70～79
4	＜70

思考题

1. 毛皮动物正季节皮成熟的标志是什么？

2. 毛皮动物处死的方法有哪些？为什么不能用其他办法处死？

3. 剥皮过程有哪几道工序？

4. 皮张干燥有几种办法？各应注意什么问题？

5. 皮张收购标准有哪些内容？怎样提高毛皮加工的质量和效率？

第十章　毛皮动物副产品加工利用

饲养毛皮动物不仅能获得其主要产品——优质原料皮，还有副产品如动物肉、动物油、动物心等，有较高的利用价值。

一、副产品加工利用的原则

(一)及时加工处理

毛皮动物各种副产品及时收集、加工、利用，也是一笔不小的收入。及时加工能确保加工质量。

(二)无害化处理

加工、销售要按正规渠道，不要私自违反有关规定流入市场。加工过程和废弃物要按卫生防疫规定处理，不能造成环境污染和公害。

二、各种副产品利用价值及加工方法

(一)毛皮动物肉

1. 毛皮动物肉的利用价值　毛皮动物的肉，是高蛋白、低脂肪的食品，肉质细嫩、营养丰富。据分析，水貂肉含干物质38.4%，其中蛋白质18%、脂肪12%、灰分5%，每100克热量为795千焦。狐肉、貉肉也属野味佳肴，可与狗肉相媲美。

公水貂屠体重0.75～0.8千克，占体重的43%；母水貂屠体重 0.4 千克，占体重 46%。可食用或作为毛皮兽的精补饲料，还可用其生产优质的肉骨粉饲料。

2. 毛皮动物肉加工要求　毛皮动物屠体在剥皮时要保持清洁卫生，摘除臊腺，去除内脏及时冷存。患病的屠体不能利用，要按卫生防疫法规定焚烧处理，不能随意丢弃。

(二)毛皮动物脂肪

1. 毛皮动物油的利用价值　公貂屠体上可获 0.65～0.7 千克脂肪，占体重的 35.3%；母貂屠体可获 0.3～0.34 千克脂肪，占体重的 32.2%。狐、貉脂肪产量更高些。

毛皮动物脂肪浸透力强、易乳化、溶点低，是作高级化妆品的优质原料，而且对皮肤病治疗有效。毛皮动物脂肪，也可以作为高能饲料添加到毛皮动物饲料中。

2. 毛皮动物脂肪加工要求　毛皮动物皮张加工中的原料生脂肪(图 10-1)，去除杂质可直接交收购部门，也可以加热炼制成熟油保管利用。

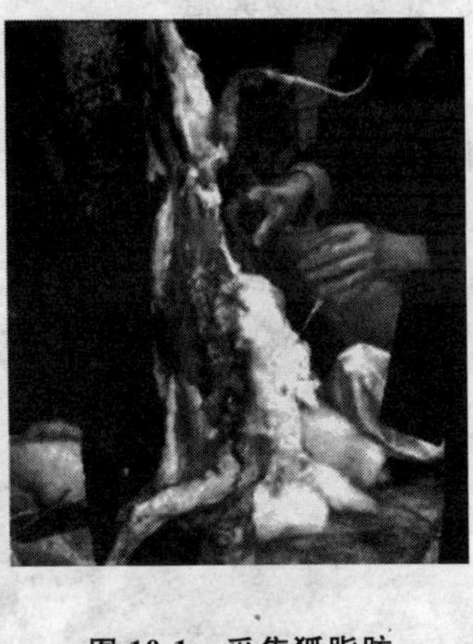

图 10-1　采集狐脂肪

(三)毛皮动物内脏

毛皮动物心脏、肝脏、性器官等可入药，其中以心脏和睾丸利用较多。

1. 水貂心脏的利用价值　公、母貂心重分别为 12 克、7.5 克。中国农业科学院特产研究所以水貂心为主药制成的"利心丸"中药，治疗风湿性心脏病和充血性心力衰竭有特效(图 10-2)。狐心、貉心也入药，治疗癫痫有良效。

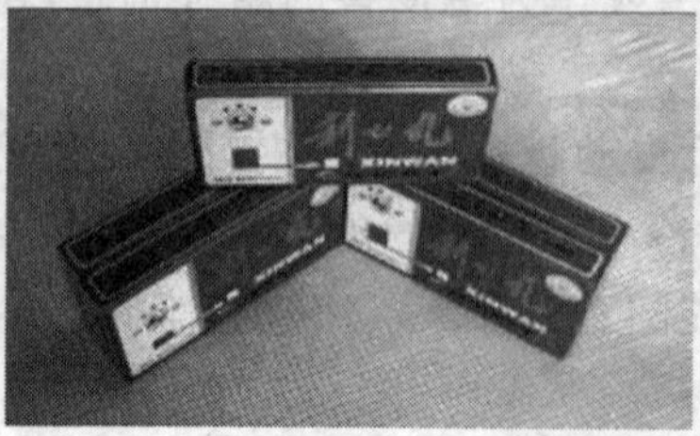

图 10-2 用貂心制作的中成药

2. 毛皮动物心脏加工要求 剥皮后及时采集动物心脏，置烘干箱中烘干或穿成串在室外冻干。干好后及时交售。

(四)毛皮动物脱落的毛绒

1. 毛皮动物脱落毛绒的利用价值 狐、貉的毛绒纤细而柔软，保温性能好，是制作毛纺织品的优质原料。

2. 狐、貉毛绒的加工要求 狐、貉每年春末夏初集中脱毛 1 次。可将脱落于笼底的毛绒拾起，也可直接从狐、貉身体上采集。拣净泥土杂物即可交售。每只狐、貉可收集毛绒 50～80 克。

(五)动物粪肥

1. 粪肥的利用价值 毛皮动物的粪肥是高效优质的有机肥料。1 只水貂年产粪肥 28 千克，厩肥量达 380 千克。1 只狐年产粪肥约 65 千克。其粪肥可用于喂猪，肥田、肥水，更适合生产绿色有机肥料(图 10-3)。

图 10-3 利用毛皮兽粪便生产有机肥料 (山东省文登市)

2. 粪肥处置要求　毛皮动物粪肥要集中到积粪池中堆积发酵生物处理。可用于沼气池填料、供果农菜农肥田、还可以送肥料厂生产绿色环保有机肥料。注意堆积、运输过程不要给环境造成污染。

思考题

1. 毛皮动物有哪些副产品可以利用？它们有何利用价值？
2. 毛皮动物副产品怎样加工？

第十一章　毛皮动物疫病防治

毛皮动物饲养存在着很大的疫病风险，饲养员身处饲养第一线，能够通过对动物的细心观察，及早发现动物患病，从而在疾病防治中起到重要作用。

一、饲养场卫生防疫技术规程

（一）卫生防疫工作方针

1. 预防为主、防重于治　卫生防疫工作重点放在预防上，通过预防防止或减少动物发病，防患于未然。

饲养场工作人员及车辆入口处要设石灰槽，每隔 30 天更换 1 次新生石灰。

饲养员的工作服、鞋、帽每天下班后挂在消毒室内用紫外线灯照射消毒 20 分钟（消毒室应设在大门入口附近，由门卫兼管，负责紫外线灯关闭）。

严禁无关人员随意进入场内，必要的参观或购种兽者必须穿戴无菌的工作服和帽。

养殖场卫生：春、夏、秋季每 15 天、冬季每 30 天地面撒 1 次生石灰消毒。春、夏、秋季每 15 天对笼舍消毒 1 次。

食具每次饲喂后用清水刷洗干净。饮水盒每日应更换清水，夏季每 7 天对食盒、水盒消毒 1 次。饮水要经过检测符合卫生标准。

引种入场时必须在隔离区观察 15 天确保无任何疾病时方可进入大群饲养。毛皮动物饲养场禁止饲养禽类、家兔及猫。

夏季做好防暑、防雨，冬季做好防寒工作。

附近畜禽有重大疫病流行时，应密切注意动向，加强防范，如消毒、药物预防、疫苗注射等。

饲养场要专门设有病兽隔离区。

2. 发生疫病要集中围歼、防止扩散　一旦发生疫情，要迅速采取隔离封闭措施，歼灭病原，严防疫情扩散，以防造成更大损失。

发病时的预防措施：①发现疫情及时报告，及早诊断定性。②及时隔离病兽，严防病原扩散。③紧急接种，增强假定健康兽群的免疫力，对假定健康兽群药物预防，应用免疫增强剂。④每天地面、笼舍、食具消毒。⑤死亡病兽应进行无害化、无污染处理。⑥发病时或疫情完全控制后 15 天内禁止出售种兽。⑦疫情解除要终末大消毒。

3. 群策群力、通力协作　卫生防疫工作贯穿于全年各生产时期和所有养殖场户之中，因此要充分发动群众，群策群力。

卫生防疫又涉及到养殖户和畜牧兽医、卫生防疫等多个部门，各部门间应通力协作，相互配合。

(二)卫生管理

1. 饲料卫生　①绝对禁止从疫区采购饲料。②严格控制饲料的霉败变质，管好库房和冷库的卫生。动物性饲料要新鲜，冷库贮存不能超过 3 个月。③饲料在加工前先清除杂质和有毒害作用的部分，充分洗净后，方可加工调制。

谷物性饲料不能发霉，应在通风、干燥处贮存。干配合饲料要放在干燥、通风、背光处保存，超过保质期不能使用。

2. 饮水卫生

(1)水源卫生　饮水要清洁干净，达到人、畜饮用水标准，水源要严加管理，严防流入污水和有害物质。

(2)水具卫生　盛水用的水盒要经常清理污渍，定期消毒，防止霉菌和藻类孳生。

3. 笼舍卫生

(1)笼网卫生管理　及时清理笼舍内的宿便、污物,严禁粪便在笼舍内贮留。

(2)垫草卫生管理　垫草是为防潮防污和产仔保温而使用的。选购的垫草要清洁、干燥,无泥土、杂质和农药污染。

垫草使用前要充分晾晒经日光紫外线消毒;妥善保管严防雨雪淋湿而发霉;发霉的垫草不能使用,用过的垫草也不能晒干后重复使用。

用过的垫草要及时清理,采取焚烧或与粪便一起沤肥生物消毒处理。

(3)笼舍地面卫生管理　笼舍地面上的粪便和垃圾要及时清理,保持地面清洁和干燥,防止泥泞和积水,每集中清理1次卫生后,应撒布生石灰消毒。

4. 饲料加工和喂食用具卫生

(1)饲料加工室卫生　饲料间应门窗密闭,防止动物和老鼠窜入,夏季门窗还应安装纱网,防止蚊蝇进入。

墙壁和地面要经常用水清洗,生熟饲料加工要相对隔离。饲料室内严禁存放有害有毒物质,严禁用有毒、有异味的药品进行消毒处理。

饲料室工作人员要配备专用的胶靴,无关人员禁止进入。

(2)饲料加工用具及喂食用具卫生　饲料加工器械、用具要保证卫生,加工饲料后随时用清水冲刷干净,并定期消毒处理。

食盆、食碗要随脏随换,及时刷洗,平时每周用热碱水消毒1次,发生疫病时应每天消毒处理。

(三)防疫管理

1. 消灭病源,切断传染途径　加强毛皮动物检疫。凡引进新动物都应隔离饲养2周以上并经检验、检疫，确认健康无病方可混群。严禁猪、鸡、猫、狗等动物进入场内或混养于场内，以防互相传染疾病。确需在场内养护院犬时，要进行疫苗接种防疫。毛皮动物饲养场各出入口，应设消毒槽，以防带入病原。班组之间各种用具尽量不要串用，尤其发生疫情时更不允许串用，以防传染扩散。

2. 定期预防接种

(1)购买质量可靠疫苗制品，妥善运输保管　正规单位、厂家生产的单价疫苗，质量可靠，不宜使用犬用多价疫苗。运输和保管疫苗中要防止冷冻疫苗缓化和非冷冻疫苗被冻结。

(2)已超过有效期的陈旧疫苗不能使用　疫苗从生产时期起保管期一般为6个月，超过有效期或保管期发生变质的陈旧疫苗，不能使用。

(3)预防接种的时机　老种兽每年预防接种2次，第一次是在繁殖结束后，即仔兽断奶分窝后预防注射，继续留种的在第一次预防接种后的第六个月再次预防接种。幼兽于断奶分窝后的第三周内进行第一次预防接种，留种幼龄兽在第一次接种后的第六个月再次预防接种。幼兽预防接种必须按上述时间要求分期分批及时进行，不能提前和错后。

(4)预防接种的程序　一般冷冻的疫苗(犬瘟热、脑炎)宜皮下接种，非冷冻的病毒性肠炎疫苗，属灭活疫苗，宜肌内深部接种。

(5)预防接种的疫苗种类　目前水貂要求接种犬瘟热病疫苗、病毒性肠炎疫苗。水貂阿留申病要在种貂检疫的基础上对检测结果阳性的个体进行淘汰处理。狐、貉要接种犬瘟热、病毒性肠炎和传染性脑炎三种疫苗。

(6)注意预防接种的消毒　预防接种疫苗时，要注意严密消毒，每接种1只动物后最好更换1次针头，注射器具要严密消毒，防止交叉感染或注射部位感染现象的发生。

(7)确保预防接种的质量　预防接种过程中要准确保证注射

疫苗的相应剂量(以产品说明书为准),皮下注射时,防止将注射器针头穿至皮外而造成漏注现象。

(8)增进动物健康和免疫力　预防接种应在动物健康状况良好、免疫功能健全时进行,如果动物健康状况不良,免疫功能降低,应暂缓进行预防接种。如预防接种时恰遇相应的传染病发生,则应立即紧急接种,但紧急接种用的疫苗必须保证质量(说明书中注明可供紧急接种使用)。

二、疫病防治的无害化处理规程

(一)消毒的无害化处理

消毒是杀灭传染原,防止疾病发生的得力措施。但消毒应注意使用环保所允许使用的消毒制剂,勿对环境造成污染和对人、畜造成毒害。

预防用药应多利用生态制剂、保健药物和中草药,少用抗生素类化学药品,以防动物产生抗药性,影响发病时的治疗。

(二)治疗疾病的无害化处理

发生疾病及时治疗,依据确诊结果,对病源、病因有针对性的合理用药治疗,严禁盲目用药。注意用药的无公害化,不使用国家明令禁止的禁用药。

(三)死尸、病料、可疑性传染源的无害化处理

依据中华人民共和国国家标准 GB　16548—1996《畜禽病害肉尸及其产品无害化处理规程》认真执行。病死动物的尸体,严禁在场内露天解剖,采集的病料,用过的疫苗、药剂、动物的排泄物、等被传染原污染的物品,不允许随意丢放,应焚烧或深埋无害化处理。

(四)传染病疫情解除封锁的无害化处理

发生传染病疫情的疫区需在确保疫情已扑灭，经当地政府批准，并经严格的终末消毒后方可解除封锁。

思考题

1. 你认识到疫病防治的重要性吗？疫病防治的方针如何？
2. 传染病的流行特点和防范要点是什么？
3. 防治疫病为什么要注意无害化？

第十二章 养兽场的经营管理

养兽场建设从选场、建场开始，可谓百年大计。本章重点介绍养兽场建设和经营管理的内容。

一、场址选择规则

(一)场址选择的综合条件

养兽场场址选择，应综合考虑毛皮兽的生物学特性、地理条件、饲料条件、社会条件、环境条件等综合因素。

1. 地理条件

(1)地理纬度 北纬35°以北地区适合饲养毛皮兽；北纬35°以南地区不宜饲养，否则会引起毛皮品质退化和不能正常繁殖的不良后果。

(2)海拔高度 中低海拔高度饲养毛皮兽适宜；高海拔地区(3 000米以上)不适宜，高山缺氧有损动物健康，紫外线光照度高亦降低毛皮品质。

2. 饲料条件

(1)饲料资源条件 具备饲料种类、数量、质量和无季节性短缺的资源条件。

(2)饲料贮藏、保管、运输条件 主要指鲜动物性饲料的冷冻贮藏、保管条件和运输条件。

(3)饲料的价格条件 具备饲料价格低廉的饲养成本条件。饲料的其他条件再好，但价格贵了，饲养成本高、养殖无效益的地区不能选建养兽场。

3. 自然环境条件

(1)地势　要求地势较高燥或较平缓,排水通畅、背风向阳。地势低洼、潮湿、泥泞地方均不能选建场。

(2)面积　场地的面积既要满足饲养规模的设计需要,也应考虑到有长远发展的余地。

(3)坡向　坡地要求不要太陡,坡地与地平面之夹角不超过45°。坡向要求向阳南坡,非在北坡的话,则要求南面的山体不能阻碍北坡的光照。非在海岛地形上建场,则按阶梯式设计。

(4)土壤　尽量不占用农田土壤,但要求土壤渗水较好、无沙尘飞扬。

(5)水源　水源充足、洁净,达到饮用水标准,用水量按1吨/100只·日计算。

(6)气象和自然灾害　易发洪涝、飓风、冰雹、大雾等恶劣天气的地区不宜选建场。

4. 社会条件

(1)能源、交通运输条件　交通便利,煤、电方便,距主要交通干线不宜近亦不过远。

(2)卫生防疫条件　环境清洁卫生,未发生过疫病和其他污染。距居民区和其他畜禽饲养场距离至少500米以上。

(3)低噪声条件　养兽场应常年无噪声干扰,尤其4～6月份更不应有突发性噪声刺激。

(4)公益服务条件　大型饲养场职工及职工家属较多,应考虑就近居住和社会公益服务条件。

(二)场址选择的具体实施

1. 场址选择　依据具体条件逐项进行踏查和勘测,水源水质等重要项目需实地取样检验。有条件的地方可多选几处场地,以便于评估和筛选。

2. 评估和论证 聘请有经验的专家或专业技术人员共同对所踏查和勘测的地块充分评估和论证，权衡利弊，确定优选场址。

3. 办好用地手续 场址选好应迅速视需用土地的面积、类型、性质等，按国家有关法律办理土地使用手续。

二、场地规划

（一）规划的内容及总体原则

1. 养兽场规划内容 养兽场总体规划主要内容是饲养场区（生产主体）、生产服务场区（主体的直接服务区）、职工生活和办公区（主体的间接服务区）的设置和合理布局。

2. 养兽场场地规划总体原则 加大生产主体即饲养区的用地面积，尽量增加载兽量，根据实际需要尽量缩减主体服务区的用地面积，以保证和增加经济效益。饲养区用地面积与服务区用地面积的比例应不低于4∶1。

3. 各种设施、建筑的布局 应方便于生产，符合卫生防疫条件，力求规范整齐。整个养兽场建设标准应量体裁衣，因地制宜，尽量压缩非直接生产性投资。

此外，根据总体规划分阶段投资建设，并为长远发展留有余地。

（二）规划的具体要求

1. 饲养场区的规划要求 饲养场区主要建筑为棚舍和笼箱。应设在光照充足、不遮阳、地势较平缓和上风向的区域。饲养区内下风处还应设置饲养隔离小区，以备引种或发生疫病时暂时隔离使用。

2. 生产服务区规划要求 生产服务区中饲料贮藏加工设施

应就近建于饲养区的一侧，离最近饲养棚栋的距离20～30米，不要建在饲养场区内或其中心位置。其他配套服务设施也不要离饲养区过远。生产服务场区水、电、能源设施齐全，布局中应考虑安装、使用方便。生产服务区布局应注重安全生产，杜绝水、火、电的隐患。

3. 生活服务区的规划要求 生活服务区与生产区要相对隔离，距离稍远。生活服务区排出的废水、废物不能对生产区带来污染。

4. 环保规划要求 依据《中华人民共和国环境保护法》相关内容执行。按环保的要求、杜绝环境污染。

饲养场区院外的下风口处应设置积粪池（场），粪便和垃圾集中在积粪池（场），经生物发酵后作肥料肥田。也可由粪农及时将粪便拉至场外沤肥。饲料室的排水要通畅，废水排放至允许排放的地方。

加强绿化、美化环境。整个场区均要植树种花草，减少裸露地面，绿化面积应达场区的30%以上。

三、棚舍、笼舍建筑标准

（一）棚 舍

饲养毛皮动物宜采用棚舍饲养，不提倡露天无棚式的简陋饲养。棚舍建筑要求通风采光、避雨雪。在棚舍设计、建造和改造的过程中，应考虑光照条件、空气质量、地理位置、水源条件等各种环境因素，创造适合毛皮动物生理特点的饲养环境。棚舍建设应该根据场地实际情况，在确保采光和通风的条件下，自行确定走向和长度。棚舍走向一般以东西走向为宜，既便于种、毛皮兽分群饲养，又对夏季防暑有利。水貂棚脊高2.6～2.8米，棚檐高1.4～

1.6 米，棚宽 3.5～4 米，棚间距 3.5～4 米（图 12-1，图 12-2，图 12-3，图 12-4）。狐、貉棚舍与水貂相似，棚檐高 1.6～1.7 米（图 12-5，图 12-6，图 12-7，图 12-8）。

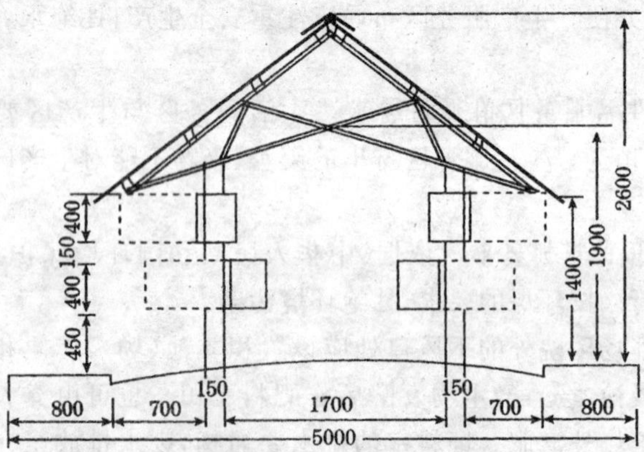

图 12-1　水貂高窄式标准棚舍　（单位：毫米）

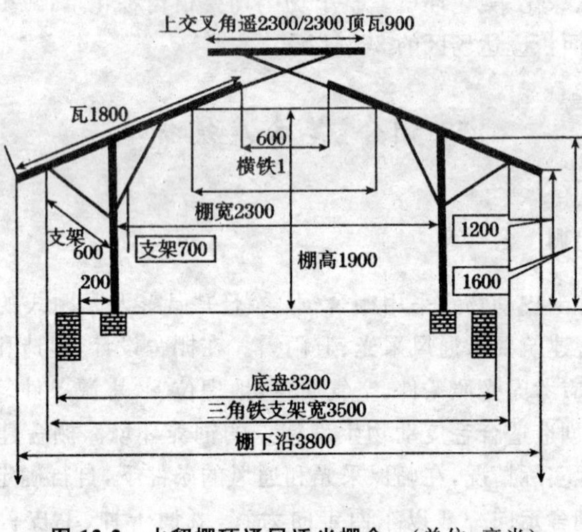

图 12-2　水貂棚顶通风透光棚舍　（单位：毫米）

图 12-3　辽宁省金州水貂棚舍

图 12-4　国内外资水貂场棚舍

图 12-5　钢瓦结构狐棚舍

图 12-6　砖瓦结构狐棚舍

图 12-7　木架结构狐棚舍

图 12-8　芬兰高离地面的狐棚舍

(二)笼　箱

水貂笼箱距地面的高度不低于 45 厘米，应保证水貂的安全舒适及活动需要。水貂种貂活动面积不低于 2 700 平方厘米/只；水貂皮貂活动面积不低于 1 800 平方厘米/只。种貂笼长 90 厘米、宽30厘米、高45厘米；皮貂笼长60厘米、宽30厘米、高45厘米。种貂小室和皮貂小室均为长25厘米、宽32厘米、高45厘米（图12-9）。笼内要安装饮水盒和食盒。

图12-9 辽宁省金州水貂笼箱

种狐、貉笼箱距地面的高度不低于60厘米。笼箱设置采食和饮水用具，同时应保证狐的安全舒适及活动需要。种、皮狐活动面积不低于7 000平方厘米/只；种狐笼长100厘米、宽70厘米、高90厘米；皮狐笼长100厘米、宽70厘米、高80厘米。据芬兰经验宜大笼舍2～4只合养效果好（图12-10），国内现已借鉴芬兰经验改建大笼舍（图12-11）。

图12-10 芬兰狐笼舍

图12-11 仿芬兰狐大笼舍（山东省日照市）

种狐、貉小室长50厘米、宽60厘米、高45厘米。芬兰种狐产箱仅长40厘米、宽60厘米、高40厘米，平时放在笼顶上，母狐产仔时送入笼舍内（图12-12）。国内狐、貉也试用过瓦罐式产仔窝，用户反映效果良好（图12-13）。

图 12-12　芬兰狐产狐子箱

图 12-13　狐、貉瓦罐式产仔窝

(三) 饲料室

饲料间大小视养殖规模而定，应具备饲料洗涤、粉碎、搅拌等加工设备，要防水、防潮、防鼠、防火(图 12-14)。

图 12-14　饲料加工室

(四) 兽医室

兽医室应能满足毛皮动物疾病预防、检疫、化验及治疗的需要，规模应与饲养种群相配套。

(五) 取皮加工室

取皮加工室应满足毛皮动物处死、剥皮、刮油、洗皮、上楦、干燥等操作的需要，规模应与饲养种群相适应(图 12-15)。

图 12-15　取皮加工室

(六)积粪池

依据《中华人民共和国环境

保护法》相应条款要求设置，达到中华人民共和国畜牧法规定的标准。并参照国家林业局“毛皮野生动物(兽类)驯养繁育利用技术管理暂行规定”2005。

四、饲养场经营管理规则

(一)经营管理的理念

毛皮动物饲养场经营管理所追求的目标是优质、低耗、高效。达到高效养殖的经营理念应该是：以种兽为根本，以市场信息为导向，以饲料为基础，以技术、管理为保证，以资金作后盾，以效益为中心。

1. 以种兽为根本 种兽的品质不仅体现自身价值，而且决定了产品的质量和经济效益。不论新老兽养殖场，都应把种兽放在经营管理的首要地位。确立良种观念，力争人无我有、人有我多、人多我精、人精我特。

图 12-16 以市场信息为导向

2. 以市场信息为导向 一个养兽场必须有一个较长时期的奋斗目标和符合市场需求的近期发展方向。以市场信息为导向才能生产市场适销对路的产品，增强竞争能力(图 12-16)。

3. 以饲料为基础 饲料是养兽的最重要的基础条件，又是饲养成本的决定因素。抓好这一基础保证，不仅能获得理想的繁殖效果，而且还将科学地降低饲养成本。

4. 以技术管理为保证　毛皮动物养殖的技术性、季节性很强，年只有一次繁殖周期，容不得任何季节和环节的失误。毛皮动物养殖的疾病风险性较大，需要用科学的管理去严加防范。因此，要加强技术管理，向科技要效益。大、中型养兽场要配备得力的技术管理人员，加强对职工技术培训，不断提高总体技术水平。

5. 以资金作后盾　毛皮动物养殖投资较大，特别是流动资金投入较多，养殖毛皮动物一定要量体裁衣，适度发展，确保流动资金的来源和周转。

6. 以效益为中心　养兽的最终目的就是为获得应有的经济效益，只要坚持上述的经营理念，就能达到优质、低耗、高效的目的。

（二）计划管理

毛皮动物养殖是一项计划性很强的管理工作。计划功能在于经济的使用养兽场的全部资源，有效的预见未来的趋势，获取最大的经济效益。计划使养兽场的管理决策具体化，也使战略目标具体化，是科学管理的第一功能。

毛皮动物场计划管理主要内容有经济计划管理、饲料计划管理、生产计划管理、人员计划管理等方面。

1. 养兽场经济计划管理

（1）养兽场生产成本分析　成本是单位产品的物力与人力消费，分为直接消费和间接消费。

①直接消费：是指直接投入产品生产过程的消费，包括饲料费、饲养员工资、饲养场直接使用的工具、场地、当年维修费等。这部分消费占成本的绝大部分并且是必需的。

②间接消费：是指用于服务生产的消费，主要指后勤、行政人员工资、非生产性建设投资、行政管理费用等。这部分消费应占成本的较少部分。经营管理水平和兽群的规模直接影响着间接费

用。配套条件适宜的大、中型养兽场,间接费用较低。

(2)养兽场收入分析　养兽场经济收入主要包括出售皮张、种兽收入,其次为副产品收入。在条件允许情况下,饲养的总只数及平均产量越多,则总收入随之增加。

产品的质量对售价影响很大,故优良种兽及其产品在成本不变的情况下,收入却能明显提高。

①养兽场经济效益分析:养兽场的总收入减去总支出,即为经济效益,正数为盈利、负数为亏损。以北极狐按群平均育成幼狐6只、银黑狐4只为例,产品按皮张计算,其成本利润率北极狐为30%～50%、银黑狐为40%～60%。

②养兽场效益风险点:养兽场的效益在成本和产品售价不变情况下,其盈利直接取决于群平均生产幼兽的多少。当育成幼兽数低于某一数值时,效益上将出现亏损,这一决定盈亏的临界数被称为风险点。种兽年终群平均育成幼兽的风险数为银黑狐2只、北极狐3只、水貂2.5只、貉2只。

2. 养兽场饲料的计划管理　毛皮动物饲料以动物性饲料为主,采购、贮存均有一定困难,但其又是毛皮动物养殖必不可少的物质基础,所以一定要加强计划管理,保质、保量、保应时。

(1)毛皮兽饲料消耗计划

①狐年、季度各种饲料消耗计划:见表12-1。

表12-1　狐饲料消耗计划　(单位:千克)

季　度	鱼肉类	奶　类	谷物类	蔬菜类	鱼肝油	酵母
成年北极狐						
1	29.9	—	2.7	4.6	0.12	0.68
2	57.2	13.8	6.7	10.9	0.27	1.68
3	30.7	—	3.6	8.5	0.14	0.95
4	32.4	—	3.7	9.0	0.15	1.01
总　计	150.2	13.8	16.7	33.0	0.68	4.32

续表 12-1

季　度	鱼肉类	奶　类	谷物类	蔬菜类	鱼肝油	酵母
幼年北极狐						
2	3.3	0.5	0.5	0.9	0.02	0.11
3	30.7	—	3.4	6.9	0.13	0.87
4	31.4	—	5.1	7.9	0.15	1.08
总　计	65.4	0.5	9.0	15.7	0.30	2.06
成年银黑狐						
1	24.8	4.4	3.4	2.3	0.18	0.76
2	43.5	18.4	7.4	4.8	0.38	1.43
3	28.0	—	5.5	2.6	0.11	0.68
4	23.9	—	5.8	2.6	0.06	0.52
总　计	120.2	22.8	22.1	12.3	0.73	3.39
幼龄银黑狐						
2	6.4	1.4	0.9	0.5	0.04	0.19
3	25.9	—	4.8	2.4	0.09	0.73
4	24.7	—	5.7	2.7	0.06	0.54
总计	57.0	1.4	11.4	5.6	0.19	1.46

②水貂年、季度各种饲料消耗计划：见表 12-2。

表 12-2　水貂饲料消耗计划　（单位：千克）

季　度	鱼肉类	奶　类	谷物类	蔬菜类	鱼肝油	酵　母
成年水貂						
1	13.2	0.7	1.7	1.8	0.08	0.24
2	21.8	3.9	1.9	2.5	0.16	0.50
3	13.9	—	1.7	1.2	0.09	0.25
4	14.5	—	2.1	1.4	0.09	0.26
总　计	63.4	4.6	7.4	6.9	0.42	1.25

续表 12-2

季　度	鱼肉类	奶　类	谷物类	蔬菜类	鱼肝油	酵　母
幼龄水貂						
2	2.1	0.3	0.2	0.2	0.01	0.04
3	16.0	0.5	1.8	1.6	0.06	0.29
4	11.6	—	1.6	1.5	0.05	0.21
总　计	29.7	0.8	3.6	3.3	0.12	0.54

③貉年、季度各种饲料消耗计划：见表 12-3。

表 12-3　貉饲料消耗计划　(单位：千克)

季　度	鱼肉类	奶　类	谷物类	蔬菜类	鱼肝油	酵　母
成年貉						
1	13.2	0.7	2.7	4.6	0.08	0.24
2	21.8	3.9	6.7	10.9	0.16	0.50
3	13.9	—	3.6	8.5	0.09	0.25
4	14.5	—	3.7	9.0	0.09	0.26
总　计	63.4	4.6	16.7	33.0	0.42	1.25
幼龄貉						
2	2.1	0.3	0.5	0.9	0.01	0.04
3	16.0	0.5	3.4	6.9	0.06	0.29
4	11.6	—	5.1	7.9	0.05	0.21
总　计	29.7	0.8	9.0	15.7	0.12	0.54

(2)饲料管理的要点

①确保饲料质量：采购中要保证饲料新鲜、无污染、无毒害。贮存中确保贮藏条件，尤其动物性饲料运回冷库后要先速冻，后冷藏，贮藏温度－15℃以下。

②确保饲料数量：采购、供应要按时确保毛皮兽对饲料需求的数量，尤其是妊娠母兽的饲料要贮备充足，确保动物性饲料种类的稳定。

③确保应时供应：毛皮兽不同生产时期对饲料种类、品质有不同要求，要应时保证供应。

④及时清理库存：及时清理库存，对报废饲料进行损耗处理。

3. 养兽场生产技术管理

(1)养兽场生产任务　养兽场生产任务主要是计划每只母兽断奶分窝和年终平均育成幼兽数，年终增加或缩减种群数以及生产的产品数及其等级、质量等。

(2)生产定额　饲养人员应实行生产定额管理并与全场生产计划相适应。应明确下列几项计划指标：固定给每个饲养员、饲料加工员的毛皮动物头数；种兽繁殖指标等。

(3)生产定额计划原则　生产定额计划应根据本场历年生产水平和员工技术素质确定。既要逐年有所提高，又要切实可行，并与多劳多得的分配原则结合起来。

4. 建立健全各生产人员职责　建立健全各生产人员岗位职责，最好实行全员岗位承包责任制。

(1)场长职责　组织全场生产，保证饲料供应，制订劳动定额并签订劳动合同；在技术员的协助下，完成生产计划、经济计划、产品质量计划。

(2)技术员职责　制订饲料单和兽群品质提高技术措施，落实、解决生产中涉及的具体技术问题，配合场长监督计划执行，管理好技术资料和技术档案。

(3)饲养员、饲料加工员职责　饲养员和饲料加工员是第一线工作人员，具体负责兽群饲养和饲料加工。要服从场长、技术人员的领导和指导，做好本职工作。工作中遇有技术问题及时向技术员汇报，向场领导、技术员提供合理化建议。

5. 人员管理 养殖场人员管理实行场长领导下的岗位负责制，实行逐级聘用。要注重职工的素质提高，加强理论业务的培训、学习，建立考绩制度和档案(图 12-17)。

图 12-17 注重员工技术培训

思 考 题

1. 毛皮动物场选场、建场应特别注意哪些问题?
2. 饲养毛皮动物如何达到优质、低耗、高效的目的?
3. 计划管理有什么意义?
4. 作为饲养员应如何参与毛皮动物场的经营管理?

主要参考文献

1 朴厚坤等．实用养狐技术．北京:中国农业出版社,2005

2 张志明．实用水貂养殖技术．北京:金盾出版社,2001

3 郭永佳等．养狐实用新技术．北京:金盾出版社,2005

4 钱国成等．新编毛皮动物疾病防治．北京:金盾出版社,2006

5 仇学军等．实用养貉技术．北京:金盾出版社,1997

6 国家林业局．毛皮野生动物(兽类)驯养繁育利用技术管理暂行规定．林护发[2005]91号

7 赵佐仙等．[水貂皮(生皮)国家标准]待批修订稿(代替GB/T 14789—0993)

8 赵佐仙等．[貉皮(生皮)国家标准]待批修订稿(代替GB/T 14788—93)